海洋プラスチック

永遠のごみの行方

保坂直紀

角川新書

はじめに　〜このままの汚れた海でいいのだろうか

とにかく便利だ。軽くて丈夫。色も形も思いのまま。軟らかくもできれば、硬くもできる。そして、安い。街の100円ショップには、その製品があふれている。こうなれば身の回りに広まらないわけがない。プラスチックの話である。

いまこの原稿を書いている机を見ても、パソコンに電話機、ボールペン、オーディオのリモコン、スタンド、書類を整理するファイル、辞書の表紙、お菓子の袋……。プラスチックだらけだ。そして、これらはやがてごみになる。

プラスチックごみが世界で問題化している。プラスチックは大量に使用され、その急増ぶりに、ごみとしての処理が追いつかない。適切な処理の網から漏れたプラスチックごみは川へ流れ込む。川原にペットボトルが捨てられている光景は珍しくもない。それが海へ。海はプラスチックごみの行き着く先だ。

国際連合のアントニオ・グテーレス事務総長は2018年6月5日の「世界環境デー」

に、「プラスチックごみで地球を汚すのをやめること。それが今年のたったひとつのお願いだ」とよびかけた。一瞬だけ使ってすぐ捨ててごみになるレジ袋のようなプラスチックは、できるだけ使わないようにしようというのだ。

その3日後、6月8日の「世界海の日」にも、グテーレス事務総長はそのメッセージを繰り返した。もうプラスチックごみで海を汚さないよう、一人ひとりがペットボトルの代わりに自分の水筒を持ち歩き、レジ袋ではなくマイバッグを使おう、と。

国連環境計画（UNEP）が2018年に公表した報告書「シングルユース・プラスチック」によると、容器や包装として使われるプラスチックを、日本で暮らすわたしたちは大量に捨てている。国民ひとりあたり年間およそ35キログラムにもなり、米国民に次いで世界第2位だ。ひとりが毎日100グラムを使い捨てていることになる。

そしていま、海のプラスチックごみがクローズアップされている。外国から流れ着くたくさんのペットボトル。ウミガメなどの生き物にからみつく漁網。そして、砂のように細かく砕けてしまったマイクロプラスチック。それを魚などが食べてしまうことで、わたしたちがごみとして捨てたプラスチックは、食物連鎖をとおして地球全体の生き物の体内に入りこんでいるらしい。マイクロプラスチックについての研究はここ10年ほどで急速に進みつつあり、それが、海のプラスチックごみについての世界的な関心を後押ししているのだろう。

このままでは、いけないのだと思う。わたしもレジ袋を使わないよう、できるだけ買い物袋を持っていくようにするし、ペットボトルを捨てるときは、ボトルとラベルは分けるようにしている。

だが、そんなとき心に浮かぶのは、こういう一人ひとりの行いが、プラスチックごみ全体に対してどれだけ意味をもっているのかという、ちょっとモヤモヤした気持ちだ。ちりも積もれば山となるというが、わたしの小さな行いがほんとうに山になってくれるのか。ごみになっても、やがてすっかり分解されてなくなる「生分解性プラスチック」の研究も進んでいるという。これを使えば問題は解決されるのではないか。

おそらくみなさんの多くも抱いているであろうこのモヤモヤをなんとか整理して、すっきりした気持ちで自分にできることをしたい。そのすっきり感を、みなさんと共有したい。そう思って調べながら書いたのがこの本だ。

ボランティア活動を続けるためには、その活動に自分なりの意味を見出《みいだ》すことが大切だという。だからこそ、プラスチックごみの対策が世界中で進められ始めたいま、わたししたちを取り巻くその状況を、もういちど確かめてみたい。いっきに問題を解決できる秘策はない。だが、わたしたちの立ち位置をここで再確認できれば、新しい気持ちで一人ひとりが前に進んでいけそうだ。

プラスチックが世界中で大量に使われるようになったのは20世紀の半ばから。発泡スチロールやラップフィルムのおかげで、新鮮な肉や魚を手軽にスーパーで買えるようになった。飲料の容器がガラスからプラスチックになって運送しやすくなり、夏に暑くてふらふらになっても、街のいたるところにある自動販売機で水分補給できる。使い捨てできるプラスチックの注射器は病院の労力を減らし、なにより衛生的だ。

こうした恩恵を十二分に受けたのに、ごみについては「じゃあ、あとはなんとかヨロシク」と子どもたちの世代に申し送るのでは、いかにも情けない。かといって、いま述べたような有用性を考えると、プラスチックがなかった時代に急いで回帰するというのも非現実的だ。

この本では、脱プラスチックをあおることも、自分たちの努力をあきらめることもしない。環境問題は、とかく極論になりがちだ。そうではなくて、海のプラスチックごみ問題について、その未解決な面も含めて、できるだけ事実に基づいて整理していきたいと思う。

自分にできることを、すこしでも、わたし自身が納得してみなさんといっしょに行っていくために。

海洋プラスチック　永遠のごみの行方　目次

第二章 プラスチックは地球の異物……97

イラスト　クー　／　図版作成　フロマージュ　／　DTP　オノ・エーワン

第一章

世界の海はプラスチックごみだらけ

1　海に川にあふれるプラスチックごみ

青く美しい沖縄の海

青い海が目の前に広がる沖縄美《ちゅ》ら海《うみ》水族館。那覇《なは》空港から高速道路を走るバスを使って約2時間。入館者数は年間で約380万人というから、毎日1万人もが訪れていることになる。

お目当てのひとつは、体長が9メートルにもなる巨大なジンベエザメだろう。地球上で最大の魚だ。マンタや群れをなす魚たちもいっしょに泳ぐ大水槽「黒潮の海」の前には、いつも人だかりがしている。

沖縄美ら海水族館は、海に面した広大な国営の海洋博《かいようはく》公園のなかにある。1975年に沖縄県本部町《もとぶちょう》で沖縄国際海洋博覧会が開催され、その翌年、跡地を海洋博公園として整備した。水族館は、年間500万人もの観光客を集めるこの公園の中核施設だ。

水族館を出てゆっくり10分ほど公園内を歩くと、サンゴ礁がくだけた白い砂が美しい

写真1-1　沖縄・海洋博公園のエメラルドビーチ。ごみのない白い砂浜と青い空が美しい（2014年5月撮影）

「エメラルドビーチ」に着く（写真1－1）。

訪れたその日は運よく晴れていたので、すこし緑がかった青い海が遠くまで輝いて見える。泳ぐにはまだ早いのか、それともゴールデンウィーク直後の平日だったせいか、人もほとんどいない。ごみひとつない別天地のような美しい海を前に、時がたつのを忘れそうだ。

だが、そのエメラルドビーチから2キロメートルも離れていない隣の浜の光景は、それとは違った。

2019年の10月末、教えている東京大学大学院の学生たちとその浜を見に行った。自動車道路から脇道に入り、海岸に向かっ

写真1-2　沖縄県本部町の海岸へ下りていく小道。海岸林に生える木の根元に、発泡スチロール片が入り込んでしまっている（2019年10月撮影）

て下りていく。10分ほど歩くと、道はさらに細くなる。岸と平行に延びる天然の海岸林の中を、岸に向かって突っ切る小道だ。

　水際まではまだ数十メートルはあるだろうか。オオハマボウ、アダンなど南国特有の植物が茂る海岸林に、それはあった。

　白い発泡スチロールの破片が、地上に顔をだして絡み合っているアダンの根に入り込んでいるのだ。あっちにもこっちにも、無数にある（写真1－2）。破片の角はすでにとれ、薄茶色に汚れているものもある。いったい、いつ捨てられたものなのだろうか。

「台風の強風や波で、海からこの林まで吹き上げられたのでしょう」

案内してくれた「しかたに自然案内」の鹿谷《しかたに》麻夕《まゆ》さんが、そう説明してくれる。

発泡スチロールは、ポリスチレンという種類のプラスチックに大量の空気を含ませてつくる。ほぼすべてが空気といってよいほどだ。だから軽くて断熱性も高く、衝撃を吸収してくれるクッションとしても好適だ。水も通さない。魚などの生鮮品を運ぶ箱、スーパーで買う食品の皿、そして漁で使う網の浮きなどとして、とても身近なプラスチックだ。そして、海を漂うプラスチックごみの定番でもある。

アダンの絡み合った根のあいだにすっかり入り込んでしまっているので、これを掃除しようとすれば、ひとつひとつ手で拾うしかない。だが、ここにはハブがいる。手間がかかるうえに危険をともなう。この浜は自動車道からかなり歩くので、観光客はまず来ない。人のいない海岸の掃除は、どうしても後手に回る。

小道が尽きるあたりで天然記念物のオカヤドカリに出会い、顔を上げると、そこには浜と海が広がっていた。

まず目に入ったのは、緑と白のロープが絡み合った漁網だ。すでに砂まみれになっている。最近の漁網は、プラスチックの糸を撚《よ》ってできている。そして、直径が30センチメートルほどの球形の浮き。これもプラスチック製だ。

波打ち際からかなり離れたところに、流木などが打ち上げられた横一線の帯ができてい

写真1-3　沖縄の海岸にも、流木や海藻にまじってペットボトルやポリタンクなどのプラスチックごみが打ち上げられている（2019年10月撮影）

る（写真1－3）。この海岸を訪ねたのは、干満の差が大きい大潮の、しかも干潮に近い昼間だったので、海はかなり後退している。満潮のときは、ここまで水が来ていたのだろう。

流木にまじって目につくのは、やはりペットボトルだ。ラベルに「農夫山泉」とあるボトルを見て、中国からの留学生が「わたしも飲んだことがあります」という。中国でよく飲まれる水のボトルなのだという（写真1－4）。

漁網に使われていたと思われる浮きに、フジツボの仲間が付着している。まだ生きている。たったいま海から打ち上げられたのだろう。足元の古い発泡スチロールは小さな粒に割れていて、そのすきまから小さなアリが出入りしている。

やっかいなのは漁網だ。波打ち際の大きな流木の根に絡みついた漁網は、学生が3人がかりで外そうとしても、容易には取れない。

沖縄にはサンゴ礁が隆起してできた地形が多い。海岸の岩には、海中のサンゴ礁だったときの名残で、細かい凹凸がたくさんある。これに漁網が引っかかってしまう。この浜でも、水際の岩に10メートルほどにわたってへばりつくように漁網が放置されていたが、これなどは、とても人の手で取り除けるようなものではない（写真1－5）。重機を使い、チェーンソーで切断するような大掛かりな掃除が必要だ。

写真1-4　中国語で「農夫山泉」と書かれたペットボトル。外国から漂着したらしいプラスチックごみも、たくさんある（2019年10月撮影）

沖縄といえば青い海と美しい白い砂浜。多くの人が抱くこのイメージは、海岸の清掃をはじめとす

写真1-5　打ち上げられた漁網。岩に絡みついていて、引きはがすのは難しい（2019年10月撮影）

る地元の人たちの努力のたまものだ。これは沖縄にかぎらない。どの海岸でもよいから、浜に下りて見てみるといい。どんな小さな浜にも、ペットボトルや発泡スチロールなど国内外で捨てられたごみが打ち上げられている。掃除をしなくてもプラスチックごみのない浜など、いまはもう、ほとんどありえない。

防衛大学校名誉教授の山口晴幸《やまぐちはれゆき》さんは、1997年から日本中の海岸で漂着ごみの調査を続けている。訪れた海岸はのべ3000か所を超えた。プラスチックのごみ、缶類などの種類ごとに個数を記録し、外国から流れてきたごみは、ラベルなどからその国を判断する。

「日本海側や東シナ海に近い海岸には外国か

ら流れてくるごみが多い。太平洋側のごみは、川から海に流れ込む」

それが日本の海岸に流れ着くごみの傾向なのだという。

とくに沖縄の海岸について、山口さんは１９９８〜２０１３年の調査を詳細にまとめている。海岸線1キロメートルあたりのごみの数は、この間に約10倍に増えた。中国から流れ着くごみは27倍になった。外国発のごみは、１９９８年には日本発のごみの3倍だったが、２０１２年にはそれが16倍、２０１３年には22倍になっている。国別では中国が61％でもっとも多く、それに台湾《たいわん》の17％、韓国の16％が続いている。

「沖縄の漂着ごみは２０１３年以降も増えている。最近は、ベトナム、マレーシア、インドネシアからのごみが増えてきた感じだ。沖縄では、いまはほとんどの海岸で清掃が行われている。清掃しているからなんとかなっているという状態だ」

そう山口さんはいう。

流れ着くごみはプラスチックが圧倒的

そもそも、どのようなごみが海岸に流れ着いているのだろうか。

米国のワシントンにある環境保護団体「オーシャン・コンサーバンシー」は、世界の海岸でごみを拾い、その数や種類を記録する「国際海岸クリーンアップ」という活動を続けている。

２０１８年の活動をまとめた報告書によると、もっとも数が多かったのは、たばこの吸い殻で５７２万個。たばこのフィルターはアセチルセルロースというプラスチックの一種でできている。それに続いて食品の包装（３７３万個）、かきまぜ棒やストロー（３６７万個）、フォーク・ナイフ・スプーン（１９７万個）、飲料ボトル（１７５万個）、飲料ボトルのキャップ（１３９万個）、レジ袋（96万個）、その他のビニール袋（94万個）、栓（73万個）、コップ・皿（66万個）。これがトップ10だ。２０１７年からトップ10はすべてプラスチック製品になり、２０１８年もそれが継続しているのだという。

一般社団法人「ＪＥＡＮ」は、国際海岸クリーンアップに日本が参加することをきっかけに１９９０年に誕生した環境ＮＧＯだ。「美しい海をこどもたちへ」を合言葉に、日本国内の海や川でごみを拾う市民の活動を全国規模でつないでいる。

２０１７年の国際海岸クリーンアップに参加した際に日本国内で拾った海岸ごみを「ＪＥＡＮ」が集計した結果によると、いちばん多かったのは、カキの養殖で使う長さ１・５センチメートルの小さなプラスチック製のパイプだ。その個数は１万８２３６個で、このとき集めたごみの総数14万6738個の12%にもなる。漁業も海を汚している。このパイプに、硬いプラスチックの破片、たばこの吸い殻、発泡スチロールの破片、プラスチックのシートや袋の破片が続いた。

こうして市民が集めたデータによってはっきりわかるのは、「海岸に漂着するごみにはプラスチックが圧倒的に多い」という確かな事実だ。

川もまた、プラスチックごみでいっぱいだ。とくに吹きだまりのようにごみが流れ着く場所でなくてもよい。都市の河原に行けば、そこでたくさんのプラスチックごみを目にすることになる。

荒《あら》川は埼玉県と東京都を通って東京湾にそそぐ大きな一級河川だ。流域には約1000万人が住んでいる。JR総《そう》武《ぶ》線の平《ひら》井《い》駅から歩いて、線路が荒川を渡る東京都江《え》戸《ど》川《がわ》区の河原に行ってみた。

ペットボトルにレジ袋、帽子にバッグ、ビニール袋に入ったままの注射針。スノーボードの板やくまのプーさんのぬいぐるみまで（写真1-6）。

レジ袋は、たちが悪い。なぜか中には砂がつまっていて、しかも、なかば砂に埋もれている（写真1-7）。これを引っぱりだそうとすると、簡単にちぎれる。残った部分をつ

写真1-6　荒川の河川敷で拾ったごみ。じつにさまざまなごみが打ち上げられている。これがまた流されれば、行きつく先は海だ（2019年9月撮影）

まんで引くと、やはりちぎれる。取り除くには、まわりから掘って、砂ごと持ち上げるしかない。

川原でごみ拾いした成果をみると、レジ袋はたくさん河原に落ちているわりには拾われた数が少ない。それは、レジ袋が少なかったのではなく、ちぎれてしまって拾いようがなかったから。ごみ拾いにボランティアで参加する人たちは、どうしても「拾えるごみ」を拾おうとする。レジ袋のように「拾えないごみ」は、そのままになりがちだ。

拾えないごみといえば、砂粒のように小さく砕けてしまったプラスチック片。河原の砂に無数にまじっているプラスチック片は、砂粒とえり分けて拾うことなど不可能だ（写真1-8）。「はじめに」でもすこしふれたが、大きさが5ミリメートルより小さいプラスチック片を「マイクロプラスチック」という。これが川にも海にもたくさんある。これがまた大問題なのだが、それについては後で詳しくお話しすることにしよう。

この河原にはヨシがたくさん生えている。レジ袋をはじめとするプラスチックごみは、その根元にからみついている。だが、ヨシは密生しているので、ごみにたどりつけない。拾うには、ヨシの茂みをカマで切り開くしかない。

写真1-7　レジ袋は砂に埋まってぼろぼろになり、引っぱると細かくちぎれる。とてもやっかいなプラスチックごみだ（2019年9月撮影）

そして、川のたどりつく先には海がある。豪雨による大水などで、これらのプラスチックごみがふたたび川の流れに乗れば、やがてそれは海に出る。

このように、海にも川にもプラスチックごみはあふれている。最大の問題点は、こうして自然界に出てしまったプラスチックごみは、そのままではなくならないことだ。

写真1-8　川原には砂や小石にまじってプラスチックの小さなかけらも。マイクロプラスチックだ（2019年9月撮影）

いつまでもプラスチックごみのままなのだ。

自然界に出てしまったプラスチックごみは、死んだ動物や植物などの体、あるいは生ごみとは違って、半永久的になくならない。

生き物の体や生き物系のごみについては、たとえそれが自然界に出ても、これらを分解するごく小さな動物やバクテリアなどがいて、やがては二酸化炭素や水などになって地上から姿を消す。

ところが、とにかく丈夫なプラスチックは、もちろんそれが使ううえでは大きな利点なのだが、捨ててもこのように徹底的に分解されることはない。太陽の紫外線を受けてもろくなり、小さな破片にはなるのだが、それはどんどん小さくなるだけで、いつまでたってもプラスチックごみだ。

わたしたちは、魚や肉、野菜を食べる。そこからとる栄養分が生きていくために必要だからだ。たんぱく質もでんぷんも、それを成分に分解して利用するしくみが、体にはそなわっている。そしていま、栄養になりはしないプラスチックも摂取してしまっている。その経路のひとつは、海で魚や貝などがプラスチックごみの小片を食べてしまい、それをわたしたちが食べていることだ。

こうしてプラスチックごみは、地球全体に、そして地球の生き物全体に広がっている。たんに海岸が汚れていて見た目が悪いというだけの問題ではない。

プラスチックごみはいつまでも残る

プラスチックごみは半永久的に残ると述べた。もうすこし正確にいうと、プラスチックを海や陸上に放置したとき、どのように分解してその結果どうなるのかは、科学的にまだきちんとわかっていない。プラスチックごみ問題の解決を社会が強く意識するようになってから日が浅いので、屋外や海中でどう劣化していくのかを調べるような研究は、まだじゅうぶんな結論をだせていない。いまのところ、わたしたちが生きている数十年、せいぜい100年ほどの時間の長さですっかり分解されてなくなることはないと考えられている。

生ごみのように分解されてなくなる「生分解性プラスチック」の研究や商用化も進められているが、それにはそれなりの問題点もある。プラスチックごみについては、今後の研究によるこうしたイノベーション、つまり技術革新に期待して現状を看過するわけにはいかない。「イノベーション」は、問題解決を先送りできる魔法の言葉ではない。

すくなくとも現在のわたしたちにとって、自然界に出たプラスチックは、いつまでもなくならないやっかいなごみだ。それを前提にして対策を考え、できることから地道に実行するほかない。プラスチックごみ問題をいっきに解決する秘策など、わたしたちはいま、そしておそらく将来も持ち合わせていないのだから。

2　83億トンのプラスチック

多量のプラスチックをわたしたちはつくった

プラスチックがわたしたちの日常生活に入り始めたのは20世紀のなかごろからだ。まだ100年にもならない。その後、生産量は急増し、現在の大量生産、大量消費につながっている。

そもそも、これまでにどれだけの量のプラスチックが生産され、どれくらいがごみとなっているのか。プラスチックのリサイクル率は世界的にみるとどれくらいなのか。こうした基本的な事柄も、じつはよくわかっていない。すべての国が、統一された集計のしかたで生産量や廃棄量を把握し、公表しているなら、そのデータを集めて足すだけで事足りる。だが、実際にはそうなっていない。プラスチックごみの量をきちんと把握するしくみのない国でも、プラスチック製品はたくさん使われている。

ここでは、米カリフォルニア州立大学などの研究者が2017年に公表した論文から、プラスチックの生産、廃棄の全体像をすこし詳しく追ってみよう。結論の一部を先取りすると、わたしたちは83億トンものプラスチックをこれまでに生産している。この「83億トン」という数字は、「国連の報告書によると……」といった形でよく目にするが、これは国連が研究したり統計を取ったりしているわけではなく、この論文の数字を引用したものだ。

ふつう、学術論文は、「ただ足し算しただけ」というような独創性に乏しい研究では成立しない。なんらかのオリジナリティが必要だ。この論文は、プラスチックの生産や廃棄の流れという単純な事柄を扱ったものだ。そのこと自体が、この問題の全体像の把握がいかに難しいことなのかを物語っている。プラスチックは、実際には統計などきちんと取りようもないほど、世界中の人々の暮らしのあらゆるところに入りこんでいるのだ。

この研究で集計の対象にした期間は1950〜2015年だ。1950年といえば、ちょうどプラスチックがわたしたちの生活に入りこみ始めたころ。それ以前の生産量はそれほど多くないので、この期間は、プラスチックの生産と廃棄について過去から直近までの全体をカバーしているとみなすことができる。いくつもの公表資料や市場調査の結果などを組み合わせて推計した結果だ。

この間に新たに石油などの原料から生産されたプラスチックは83億トン。いま地球の人口は77億人なので、過去から現在までにつくられた量をこの地球に生きている人の肩に載せたとすれば、すべての人々がひとり1トンものプラスチックを背負《しょ》いこむことになる。1950年には200万トンだった生産量は、2015年にはその190倍の3億8100万トンにまで増えている。この83億トンには、ポリエステルなどのプラスチック繊維が10億トン含まれている。

この論文には、2002〜14年にヨーロッパ諸国と米国、中国、インドで使われたプラスチックについて、その種類と使用目的が掲載されている。

もっとも多かったプラスチックの種類は、バケツやレジ袋、食品の容器などに幅広く使われるポリエチレンで、全体の36%。そして、菓子などの包装、家電製品や自動車の部品などでおなじみのポリプロピレンが21%。この2種類で6割をしめた。それに水道のパイプやレコード盤などに使われるポリ塩化ビニルの12%、ペットボトルの原料にもなるポリエチレンテレフタレートの10%が続いた。繊維として使われるプラスチックは、ここには含まれていない。

使用目的としては、包装や容器が45%でとびぬけて多い。それを大切に使い続けるのではなく、なにかを包んでそのときだけ使用する「使い捨て」につながる使い方が圧倒的に多いのだ。つぎが建築や土木の19％。そして日用品や工業製品の12％、輸送の7％など。プラスチックごみを減らす最有力のターゲットが、レジ袋や食品容器などになりそうなことは、ここからもみえる。

リサイクルは9％

つぎに捨てる話をみてみよう。

生産された83億トンに対し、この期間に廃棄されたプラスチックは63億トンだった。その内訳は、焼却処理が8億トン、それ以外の廃棄が49億トン、そしてリサイクルが6億トンだ（図1－1）。

8割をしめる「それ以外の廃棄」には、埋め立てに加えて、海などの自然環境に流出するぶんも含まれている。また、埋め立てといっても、それはきちんと管理された場所とはかぎらない。途上国ではプラスチックごみが野積みされ、まだ中身の残っているペットボトルを子どもが拾って飲んでいるようすが、しばしば伝えられている。埋め立てられたプラスチックごみは敷地外に出ていかない、ということにはなっていない。

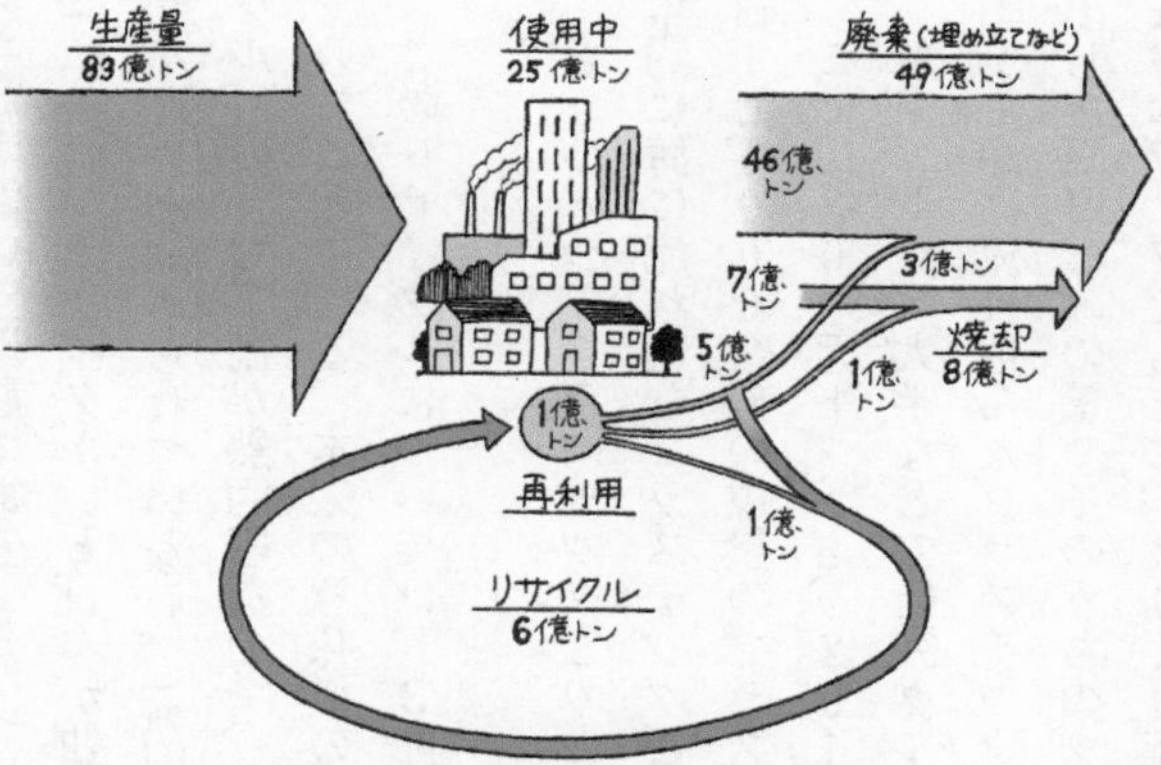

図1-1　1950〜2015年に世界で生産、利用、廃棄されたプラスチックの量（Roland Geyer et al.(2017)より）

プラスチックごみに関してはリサイクルがよく話題になるが、世界的にみると、現実には6割が埋め立てなどでそのまま廃棄されている。では、そのリサイクルはというと、その量はわずか6億トン、廃棄量の9％にすぎないとこの論文は指摘している。

日本では、捨てられるプラスチックの8割がリサイクルされているとよくいわれる。9％にくらべて圧倒的にリサイクル率が高いのだと勘違いしてしまうが、これにはからくりがある。日本は、焼却処分の際に出る熱を発電などに利用した場合、それは焼却処分ではなく「リサイクル」に分類している。プラスチックとしてリサイクルしなくても、熱に姿を変えた再利用になっているのでリサイクルとみなすという理屈である。

「サーマルリサイクル」と日本が独自に名づけたこの「リサイクル」は、世界標準ではリサイクルと認められていない。「熱回収」として別建てでカウントする。日本の「リサイクル」のうち7割が熱回収なので、日本ではプラスチックごみの半分以上は焼却処分されていることになる。本来の意味でのリサイクルは2割ほどだ。

このリサイクルについては、3節でもういちど取り上げよう。


もうひとつ、プラスチックごみに関連してよく使われる数字が「800万トン」だ。1年間に海に流れ込むプラスチックごみの量で、自家用車の重さを1・5トンとすると、毎日1万5000台分の重量のプラスチックごみが海に流入していることになる。

この「800万トン」も、2015年に公表された研究論文であきらかにされた数字だ。米ジョージア大学などの研究グループが対象にしたのは、海岸線をもつ世界の192か国から海に流れ込んだプラスチックごみだ。海岸から50キロメートル以内に住む人たちが出した固形ごみの量、そのうちのプラスチックごみの割合、適切な処理が行われない割合などのデータをもとに、2010年の1年間で海に流れ込んだ量を推定した。

この推定で対象となった人口は64億人で、世界の人口の93％にあたる。海岸から50キロメートル以遠に住む人たちが出すごみは対象となっていないが、ほぼ世界全体で捨てられるごみがカウントされていると考えてよいだろう。

その結果、この1年間で廃棄されたごみの総量は25億トン。そのうちの11％にあたる2億7500万トンがプラスチックだった。

そして、海に流れ込んだプラスチックごみは480万〜1270万トン。プラスチックごみの総量の1・7〜4・6％にあたる。ざっくりいうと、わたしたちが出したプラスチックごみの3％が海に流れ込んでいる。さまざまな状況証拠から流入量を推定しているので、これくらいの幅が出てしまうのは、しかたのないところだ。この「480万〜1270万トン」を代表する数字として使われているのが「800万トン」だ。

この論文では、プラスチックごみの海への流入量を国別に示している。

もっとも多かったのは中国の132万〜353万トン。2位のインドネシア（48万〜129万トン）をおおきく引き離している。それにフィリピン、ベトナム、スリランカ、タイ、エジプト、マレーシア、ナイジェリア、バングラデシュと続く。このベスト10、いやワースト10をみてすぐ気づくのは、わたしたちに近い中国や東南アジアの国々が多いこ

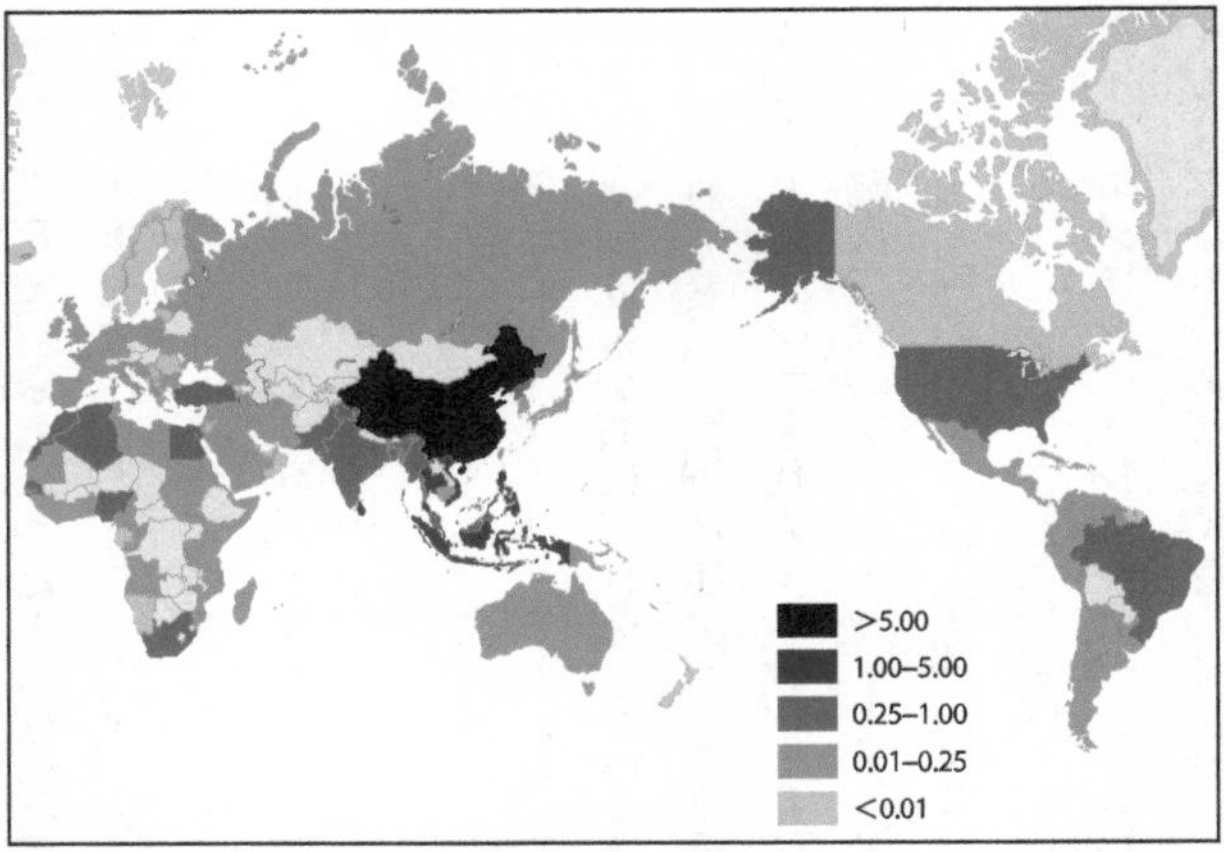

図1-2　2010年に廃棄された管理不十分なプラスチックごみの量。これが海に流れ込む可能性が高い。アジア各国の量が多い。単位は100万トン（Jenna R. Jambeck et al.(2015)より）

と、そして途上国が多いことだ。米国は20位、日本は30位だった（図1－2、表1－1）。

中国の状況を、米国と比較しながら細かくみてみよう。人口ひとりあたりが出したごみの総量は1日あたり1・1キログラムで、米国の2・58キログラムより少ない。このうちにしめるプラスチックごみの割合は中国が11％、米国が13％だ。ひとりが出すプラスチックごみの量は米国民のほうが多く、中国の3倍弱になっている。

中国と米国の大きな違いは、適切な処理から漏れてしまうごみの割合だ。ごみの回収ルートに乗らないポイ捨てや不法

順位	国名	ごみの量 (1人1日当たり, kg)	管理不十分なごみの割合 (%)	ごみに占めるプラスチックの割合 (%)	管理不十分なプラスチックごみ (単位100万トン/年)	海に流れ込んだプラスチックごみ (単位100万トン/年)
1	中国	1.10	76	11	8.82	1.32–3.53
2	インドネシア	0.52	83	11	3.22	0.48–1.29
3	フィリピン	0.5	83	15	1.88	0.28–0.75
4	ベトナム	0.79	88	13	1.83	0.28–0.73
5	スリランカ	5.1	84	7	1.59	0.24–0.64
6	タイ	1.2	75	12	1.03	0.15–0.41
7	エジプト	1.37	69	13	0.97	0.15–0.39
8	マレーシア	1.52	57	13	0.94	0.14–0.37
9	ナイジェリア	0.79	83	13	0.85	0.13–0.34
10	バングラデシュ	0.43	89	8	0.79	0.12–0.31
11	南アフリカ	2.0	56	12	0.63	0.09–0.25
12	インド	0.34	87	3	0.60	0.09–0.24
13	アルジェリア	1.2	60	12	0.52	0.08–0.21
14	トルコ	1.77	18	12	0.49	0.07–0.19
15	パキスタン	0.79	88	13	0.48	0.07–0.19
16	ブラジル	1.03	11	16	0.47	0.07–0.19
17	ビルマ	0.44	89	17	0.46	0.07–0.18
18	モロッコ	1.46	68	5	0.31	0.05–0.12
19	北朝鮮	0.6	90	9	0.30	0.05–0.12
20	アメリカ	2.58	2	13	0.28	0.04–0.11

表1-1　2010年の1年間に海に流れ込んだプラスチックごみが多い国
（出典は図1-2と同）

投棄、きちんと管理されていない処分場のごみなどがそれにあたる。ごみの総量でみると、その割合は中国が76％、米国が2％。プラスチックごみにかぎってみると、中国が27・7％で米国が0・9％だ。米国はひとりあたりのごみの量が多くても、中国にくらべれば処理がしっかりしているということだ。この差が、1位と20位の違いに直結している。

算定の対象になった沿岸人口は、中国が2億6290万人で米国が1億1290万人。たしかに中国のほうが人口が多く、人口が多ければごみの量が多いとしても、この研究結果をみるかぎり、不適切なごみ管理が海に流れ込むプラスチックごみの量をおおきく左右していることは間違いなさそうだ。

むかしは日本もそうだった。海は広く、不用なものを捨てても散らばり薄まって、わたしたちの生活圏から消えると思っていた。それに、発展途上にあったため、豊かになることに一所懸命で、ごみのことをよく考える余裕はなかった。

工場から出た有害な廃液を海や川に捨てていたことが原因で、水俣《みなまた》病やイタイイタイ病が発生した。都市部の生活から出た糞尿《ふんにょう》を海に捨てていた時代もあった。ごみを回収し、周囲の環境に漏れださないように管理するという発想が、そもそもなかった。

この論文では、この管理不十分なプラスチックごみの量は、ワースト20の国々だけで83%をしめると指摘している。このワースト20の国々がその半分でもきちんと管理した処分をすれば、2025年時点では管理不十分なプラスチックごみの量は4割減になり、ワースト5の国々だけでも4分の3に減る見通しだという。これらの国のごみ処理を支援していく国際的な取り組みの重要性もみてとれる。

太平洋ごみベルト

海には海流がある。たとえば太平洋の北半球。赤道近くから中緯度にかけて、太平洋の東西をまたぐほど大規模な「亜熱帯循環」という時計まわりの流れがある。そのうちで流れのはっきりしている部分には「北赤道海流」「黒潮」といった名前がつけられている。北赤道海流は赤道のすぐ北側を東から西に流れている。黒潮は、日本列島の南岸を北向きに流れる世界最強クラスの海流だ。流れの幅は100キロメートルほど、深さは1000メートルくらいで、海面付近の流速は秒速2メートルにもなる。

日本列島にはりついて流れていた黒潮は、房総《ぼうそう》半島の沖のあたりで向きを東に変え、やや流速を落として太平洋のまんなかに向かって流れ出していく。もし黒潮のまんなかにプラスチックごみが浮いていれば、それはやがて太平洋に広まっていくことになる。

亜熱帯循環は、北太平洋だけでなく、南太平洋にもインド洋にも、南北の大西洋《たいせい》にもある。南半球の亜熱帯循環は反時計まわりだ。このほかにも、中緯度から高緯度にかけては亜寒帯循環が、南極大陸のまわりをぐるりと一周する南極環流もある。つまり、海の表層はどこも流れ続けている。

地球のどこかで海に流れ込んだプラスチックごみは、こうした流れに乗って、地球規模で漂っていくことになる。そして、速い流れからそれたあたりで、ちょうど吹雪の際の吹きだまりのように動きを止める。北太平洋の亜熱帯循環の場合、その「吹きだまり」がハワイと米国西海岸のまんなかあたりの海域にある。亜熱帯循環の内側にある、よどんだ海域だ。ここに、流れに乗って運ばれてきたごみがたまる。この吹きだまりは『プラスチックスープの海』（NHK出版）という邦題の本で、すっかり有名になってしまった。

このように漂流ごみが集まる場所は、しばしば「パッチ」とよばれている。まるで海のほころびに継ぎ当ての布を縫いつけたように、そこだけまわりとようすが違う「ごみ海域」になっていることを象徴している。

北太平洋では、日本の南方海域にも、よくごみが集まる。つまり、北太平洋の中緯度付近は、どこも漂流ごみが集まりやすく、ごみの多い海域が東西に帯状に延びている。これが「太平洋ごみベルト」だ。

東海大学海洋研究所の久保田雅久《くぼたまさひさ》客員教授は、北太平洋の全域にごみを均等にばらまいたと仮定し、海面に浮いたごみが海流でどこに流されていくかをコンピューターで計算したことがある。その結果、ごみが集まってきたのは北緯20〜30度の海域。北太平洋の漂流ごみは、海流に流されて、たしかにこの太平洋ごみベルトに集まってくるのだ（図1-3）。

黒潮とプラスチックごみの関係について、もうひとつ指摘しておこう。

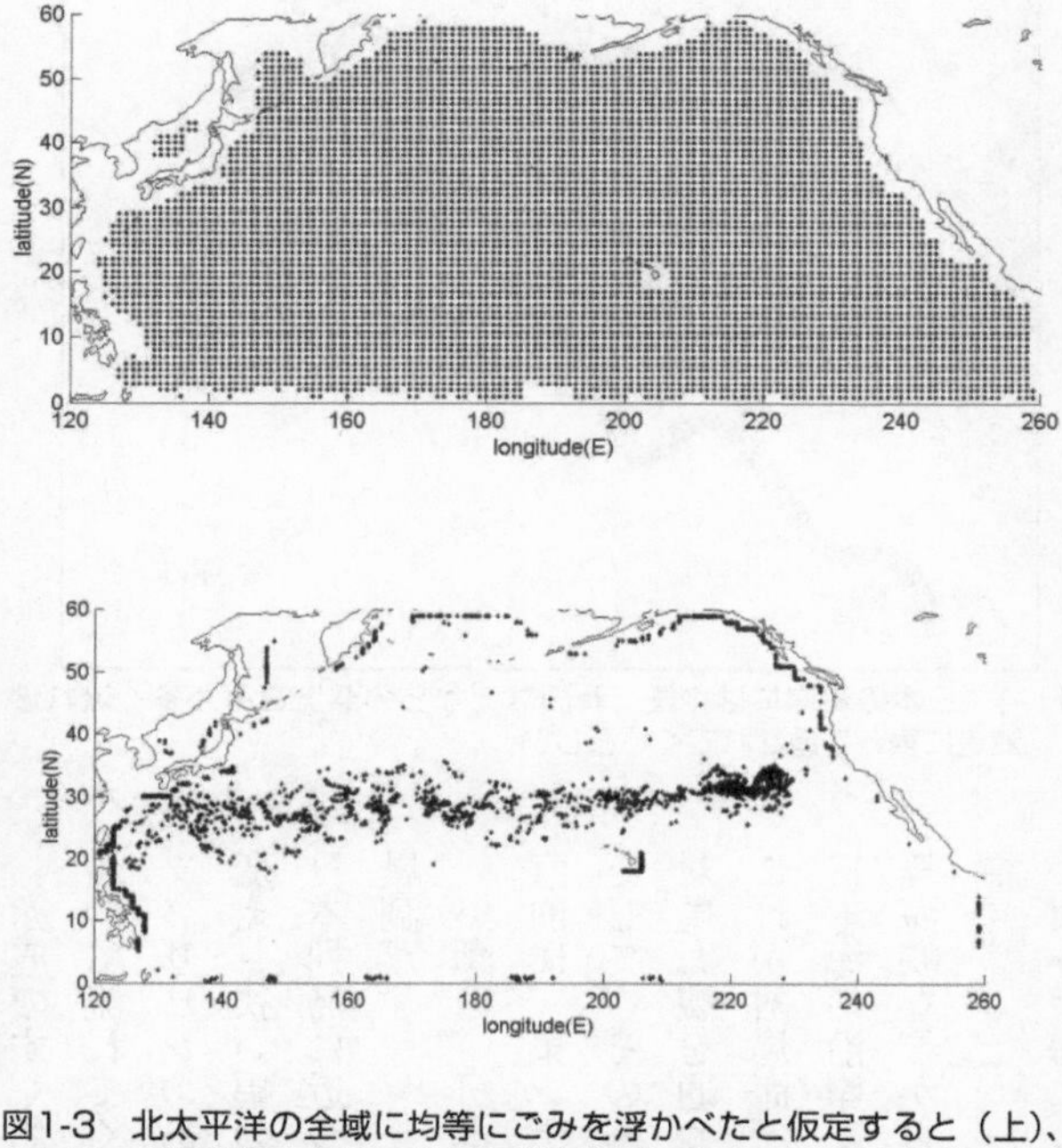

図1-3　北太平洋の全域に均等にごみを浮かべたと仮定すると（上）、ごみは、3年後には海流などで中緯度海域に集まってくる（下）。コンピューターによるシミュレーションの結果（久保田雅久・東海大学海洋研究所客員教授提供）

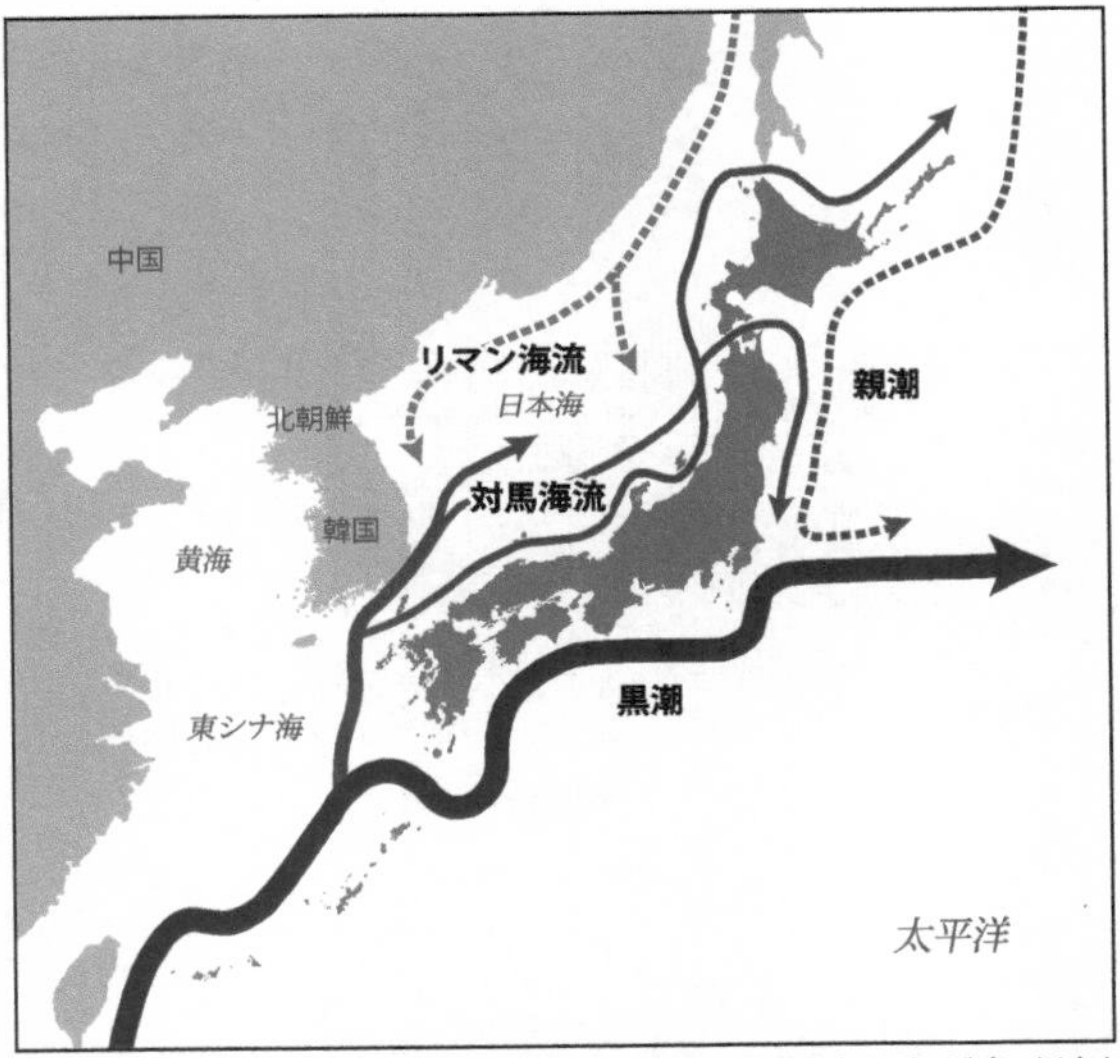

図1-4　日本の海岸には中国、韓国などからの漂流ごみが多く流れ着く。海流に乗って運ばれてくるらしい

赤道のすぐ北側を東から西に向かって流れてくる北赤道海流は、フィリピンのあたりで北に向きを変え、狭い幅の強い流れになって日本列島に近づいてくる。これが黒潮だ。

黒潮は、日本列島にやってくる直前に、東シナ海を通ってくる。そして、その一部が枝分かれし、対馬《つしま》海峡を通って日本海に入る。これが対馬海流だ。対馬海流は、日本海の沿岸に沿って北上し、津《つ》軽《がる》海峡などから太平洋に出ていく(図1-4)。

東シナ海には、中国や台湾、韓

国が面している。前節でお話しした山口晴幸・防衛大学校名誉教授の調査でも、外国から沖縄に流れ着くプラスチックごみは、これらの国からのものが多かった。プラスチックごみが東シナ海に浮いていれば、そのうちの少なからぬものが、黒潮に乗って日本に近づいてくる。

中国などの沿岸から海に流れ込んだプラスチックごみが、大小さまざまな海の渦に巻きこまれながら黒潮の流れる海域に到達し、それが日本にやってくる。個々のプラスチックごみについて追跡調査をしたわけではないが、状況から考えて、それが代表的な漂流ルートのひとつである可能性が高い。

外国からのごみは東シナ海、日本海の海岸に多い

環境省は毎年、日本各地の海岸で漂着ごみの調査をしている。2017年度は、南は宮崎県の日南《にちなん》、長崎県の五島《ごとう》から北は北海道の稚内《わっかない》まで、全国の10か所を対象にした。それぞれの海岸線50メートルについて、漂着していた2・5センチメートル以上のごみをすべて拾い、その種類などを調べた。

漂着ごみを個数でみると、枯れ木などの自然物にくらべてプラスチックなどの人工物が

圧倒的に多い。人工物は五島では97％、島根県の松江まつえでは95％、東京都の八丈島はちじょうが98％、北海道の根室ねむろが83％、稚内が82％などとなっていた。ほとんどが、わたしたちがつくりだし、使ったものなのだ（図1－5）。

　人工物の内訳は、たとえば長崎の五島では、ペットボトルが51％と半分をしめ、漁網をはじめとする漁具が26％、発泡スチロールが5％などとなっていた。宮崎の日南だと、弁当容器やトレーなどの食品容器が49％、ペットボトルが38％。これらはいずれもプラスチックごみだ。海岸によりその種類については順位に上下はあるが、おおざっぱにみて、人工物のすくなくとも7～8割はプラスチックという感じだ（図1－6）。

　とくにペットボトルについて、ラベルに書かれている言葉を調べたところ、西日本ではやはり外国語のボトルが多かった。五島では中国28％、韓国25％、日本17％の順。日南では中国が38％で日本は29％。日本海側の島根県松江では日本41％、中国16％、韓国9％。一方、函館《はこだて》では日本94％、中国4％、韓国2％などと、北海道では日本のペットボトルが多数をしめた。

　2016年度の調査では、鹿児島県の奄美《あまみ》で中国72％、韓国12％、日本1％、韓国に近い長崎県の対馬では韓国40％、中国17％、日本13％となっている。やはり、北海道では日本製が多い。

ペットボトルについてのこれらの結果は、東シナ海に流れ出た外国のプラスチックごみが黒潮や対馬海流に乗って日本に漂流してくることを、強くうかがわせている。

日本の西側からプラスチックごみが流れ着きやすいのは、海流のせいばかりではない。冬になると、日本には北西から冷たい季節風が吹いてくる。海面に浮いているごみは、この風の影響も受ける。

島根県や鳥取県などの山陰地方の海岸には、冬から春先にかけてたくさんのポリタンクが流れ着くことがある。わたしたちが灯油の保管に使うタンクは、プラスチックの一種であるポリエチレン製のものが多い。これとよく似たポリタンクが漂着するのだ。

２０１６年４月から２０１７年３月までの１年間に日本の海岸に流れ着いたポリタンクの数を環境省がまとめたところ、１万６０２９個もあった。このうち１万１００８個には文字が書かれていて、韓国の文字が９４９０個、中国語が８３７個だった。

ポリタンクがこれらの文字を使う国から流れてきたとすれば、文字で判別できたタンクのうち、じつに９割以上が韓国や中国という外国から流れ着いたことになる。１４１６個のタンクには、塩酸や過酸化水素水、使い終わった油などの液体が残っていた。

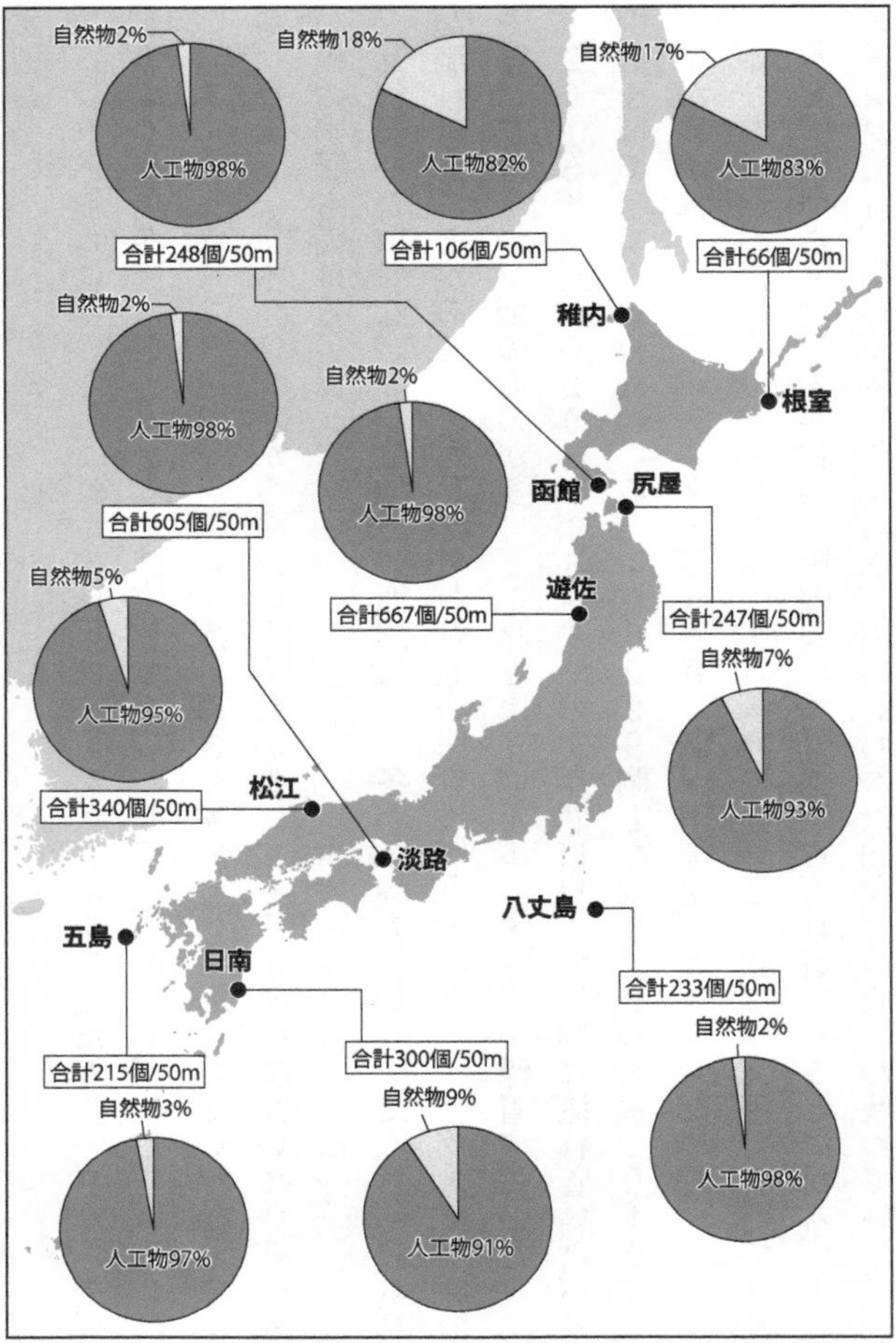

図1-5　2017年度の漂着ごみ（人工物、自然物）の種類別割合。個数は海岸線50メートルあたり（環境省「平成29年度海洋ごみ調査の結果について」に掲載の図をもとに作成）

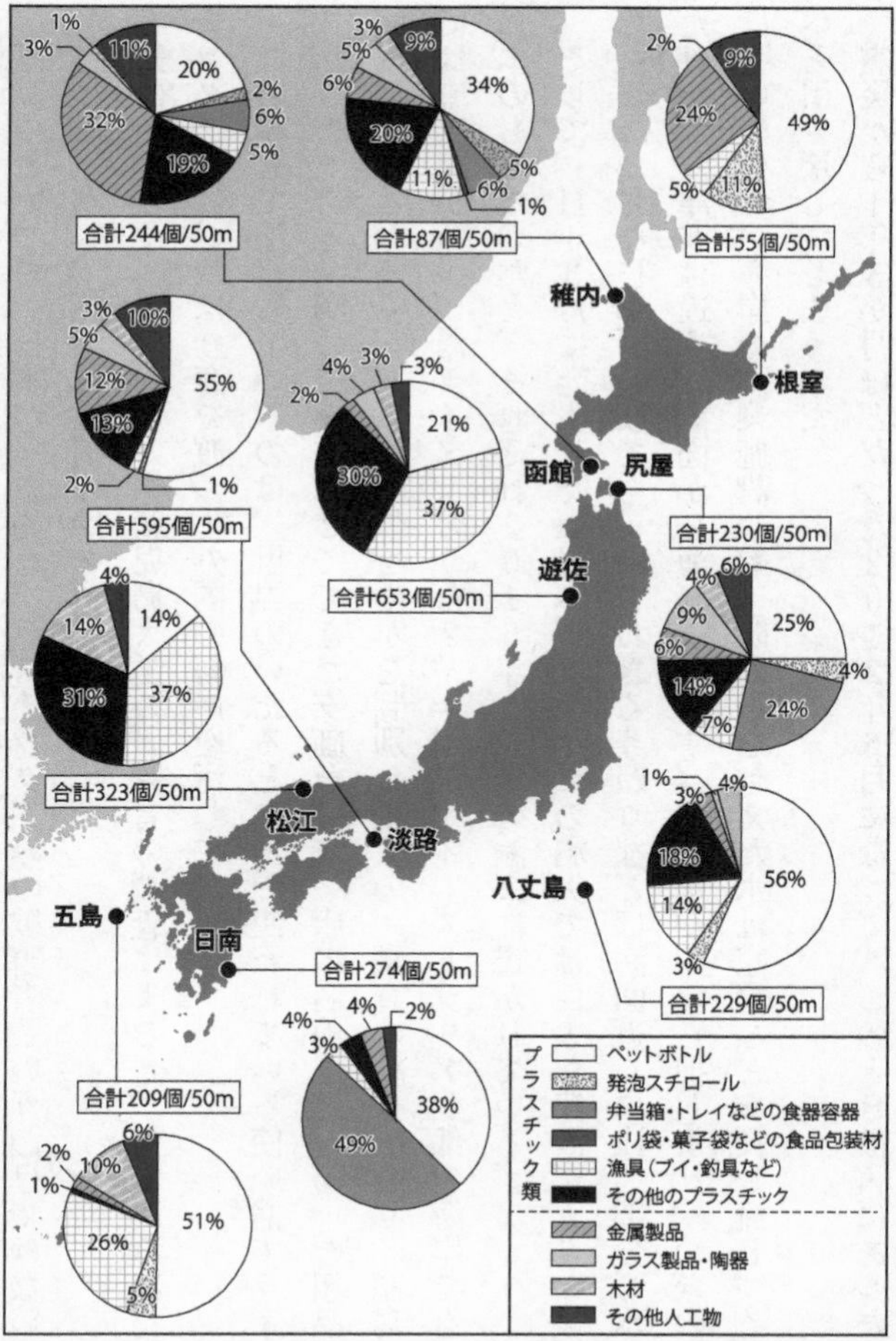

図1-6　2017年度の人工物の漂着ごみの種類別割合。個数は海岸線50メートルあたり（出典は図1-5と同）

だからといって、日本が一方的なプラスチックごみの被害者というわけではない。日本が出したごみも、外洋や他国の岸を汚している。

先に紹介した「ＪＥＡＮ」や鹿児島大学の研究者の調査によると、日本から出たプラスチックごみは、やはり海を渡って外国の海岸を汚している。

この調査で注目しているのは、世界のいたるところで使われている使い捨てライターだ。プラスチックと金属の組み合わせでできた安価な品で、店の名前などを書いた粗品として配られることも多く、どこの国のものかを判別しやすい。調査の結果、ハワイ諸島の海岸では流出国がわかったライターのうち２〜４割が、オーストラリア北部の海岸でも３割が日本のものだったと、それぞれ２０１５年と12年の論文に書かれている。

そして、11年３月に発生した東日本大震災。この震災では巨大な津波が大きな被害をもたらした。おなじ海面の波でも、風でおきるうねりなどは海面近くの浅い部分の水が動くだけだが、津波は違う。海面から海底までのすべての水が沖から押しよせ、つぎの瞬間には引いていく。海岸の漁業施設や船、防潮堤を越えた水は家屋などを押し流し、そして沖へと引き戻してしまうのだ。

震災から１年３か月ほどたった２０１２年６月になって、このとき被害にあったとみられる浮桟橋が、青森県から米オレゴン州の海岸に流れ着いた。さきにも触れたように、北太平洋には、熱帯から亜熱帯にかけて太平洋の東西を広く時計まわりに流れる亜熱帯循環と、その北側に反時計まわりの亜寒帯循環がある。日本の沖合では、いずれも東向きの流れになっている。おそらくこの流れに乗って太平洋を横断したのだろう。

このような災害で海にさまざまなものが流れ込んでしまうのは、ペットボトルのポイ捨てと同列に論じることはできないが、現実には、台風や集中豪雨による河川の氾濫《はんらん》などで街から海に出ていくプラスチックごみは多いと考えられている。

この浮桟橋には、かつて地元オレゴンのカキ養殖に被害をもたらしたホヤの仲間が付着していた。このほか、2012〜17年に北米大陸とハワイに流れ着いた634の漂着物から、二枚貝やホヤの仲間など日本の沿岸生物289種を米ウィリアムズ大学などの研究グループが確認して、17年の論文で発表している。この論文では、丈夫なプラスチックでできた漂流物が、大洋をこえてこれらの生き物を運んでいると指摘している。

外国のごみは日本に流れ着くし、日本から海に出たごみも、おなじように世界に広がる。世界の国々が足並みをそろえて海に流れ込むプラスチックごみを減らしていかなければ、減らす努力をしている国の海岸に外国からはてしなくプラスチックごみが流れ着き、自分のごみは減っているのに、いつまでたっても他人のごみを拾い続けなければならないという不条理な気分が残ってしまう。

海のプラスチックごみは川から

荒川でプラスチックごみの回収をはじめとする環境保全に取り組んでいるNPO法人「荒川クリーンエイド・フォーラム」のまとめによると、2016年にはさまざまな団体が主催する清掃活動にのべ1万2848人が参加。もっとも多かったごみはペットボトルの4万1786個で、2位だった菓子などの食品のポリ袋の2倍以上だった。以下、たばこの吸い殻やフィルター、食品のプラスチック容器、飲料缶、食品の発泡スチロール容器、飲料びん、ポリ袋、ペットボトルのキャップ、買い物のレジ袋と続いた。ほとんどがプラスチックごみといってよいほどだ。

ここで注意したいのは、この順位が、落ちているごみの種類と数をかならずしも反映していない点だ。ボランティアによる清掃の場合は、どうしても拾いやすいものを拾うことになる。たとえば、レジ袋はひっぱってもちぎれるためなかなか回収できない。その点、ペットボトルはしっかり原形をとどめているので、拾いやすい。2019年11月にマテリアルライフ学会が開いたマイクロプラスチックシンポジウムで、荒川クリーンエイド・フォーラム理事の今村和志《いまむらかずゆき》さんも、「ペットボトルはサイズ感が手ごろで目につきやすく、ボランティアによる清掃活動では回収されやすい」と説明した。

ともあれ、このように川はプラスチックごみであふれており、川は海につながっている。川は海を漂うごみの入り口になっている。

ドイツの研究グループが世界の河川から海に流れ込むプラスチックごみの量を推定したところ、多い順から10位までの河川が全体の9割をしめることがわかった。もっとも多かったのは中国の長江《ちようこう》で、それにインダス川、黄河《こうが》、海河《かいが》、ナイル川、メグナ・ブラマプトラ・ガンジス川、珠江《しゆこう》、アムール川、ニジェール川、そして10位のメコン川と続いた。ごみ管理が不十分になりがちな途上国を流れてくる大河が多い。

東京理科大学などの研究グループは、北海道から沖縄まで全国29の河川を対象に、流れているマイクロプラスチック、つまり5ミリメートルより小さいプラスチックごみの量を調べたことがある。

その結果、マイクロプラスチックは関東などの都市部を流れる河川に多かった。これらの川は、汚れを分解するために必要な酸素の量をしめす「生物化学的酸素要求量」の値も高かった。つまり、都市部を流れる川は、汚れていると同時にマイクロプラスチックの量も多いという結果だ。農地より住宅地、そして大都市になるにしたがって、川を流れるマイクロプラスチックが多くなる。

さらに東京理科大学のグループは、年間をとおしてみると、川を流れるマイクロプラスチックの量は、それより大きなプラスチックごみとおなじくらいだと推定している。また、大きめのプラスチックごみは、水量が急増したときに集中的に流れることもわかった。関東を流れる江戸《えど》川でおこなった2017年の調査では、この年の総量の97%が水量の急増時に流れていたという。

このように、人が暮らせば、そこを流れる川から海にプラスチックごみが流れ込んでいるという現実がある。

では、その川へは、どのようにしてプラスチックごみが流れ込んでいくのだろうか。なかには、不心得者のポイ捨てや、大雨で河川が氾濫したときにさらわれるごみもあるだろう。だが、わたしたちの街には、プラスチックごみを日常的に川に流してしまうしくみがある。

わたしたちがだす台所やトイレからの汚水は、下水として処理施設に送られる。処理施設では、浮いているごみを取り除いたり、汚れのもとを微生物に食べさせたりして浄化したのちに川などに流す。

下水には、もうひとつの種類がある。雨が降ったとき、家の雨どいや道路の側溝に流れ込んだ水だ。さきほどの「汚水」に対して、こちらは「雨水《うすい》」という。汚水と雨水をまとめておなじ下水道管で処理施設に送るしくみを「合流式」、別々の下水道管で送るしくみを「分流式」という（図1-7）。

分流式の場合、汚水だけが処理施設に流れ、雨水はそのまま川や海に捨てられる。交通量の多い道路のわきを見るとよくわかるが、道路には、けっこうたくさんの小さなごみが落ちている。もとが何だったのかよくわからないプラスチックの破片や、たばこの吸い殻。自動車のタイヤが削れたり、人が歩けば靴底が減ったり。これらのごみが雨水とともに川へ、海へと流れ込む。

汚水と雨水をいっしょに流す合流式では、大雨で下水量がおおきく増えたとき、汚水の一部が雨水とともに川に流れ込むしくみになっている。分流式だと、雨水が増えても、トイレなどの汚水はふだんどおり処理施設へ送られる。分流式は2本の下水道管を敷かなけ

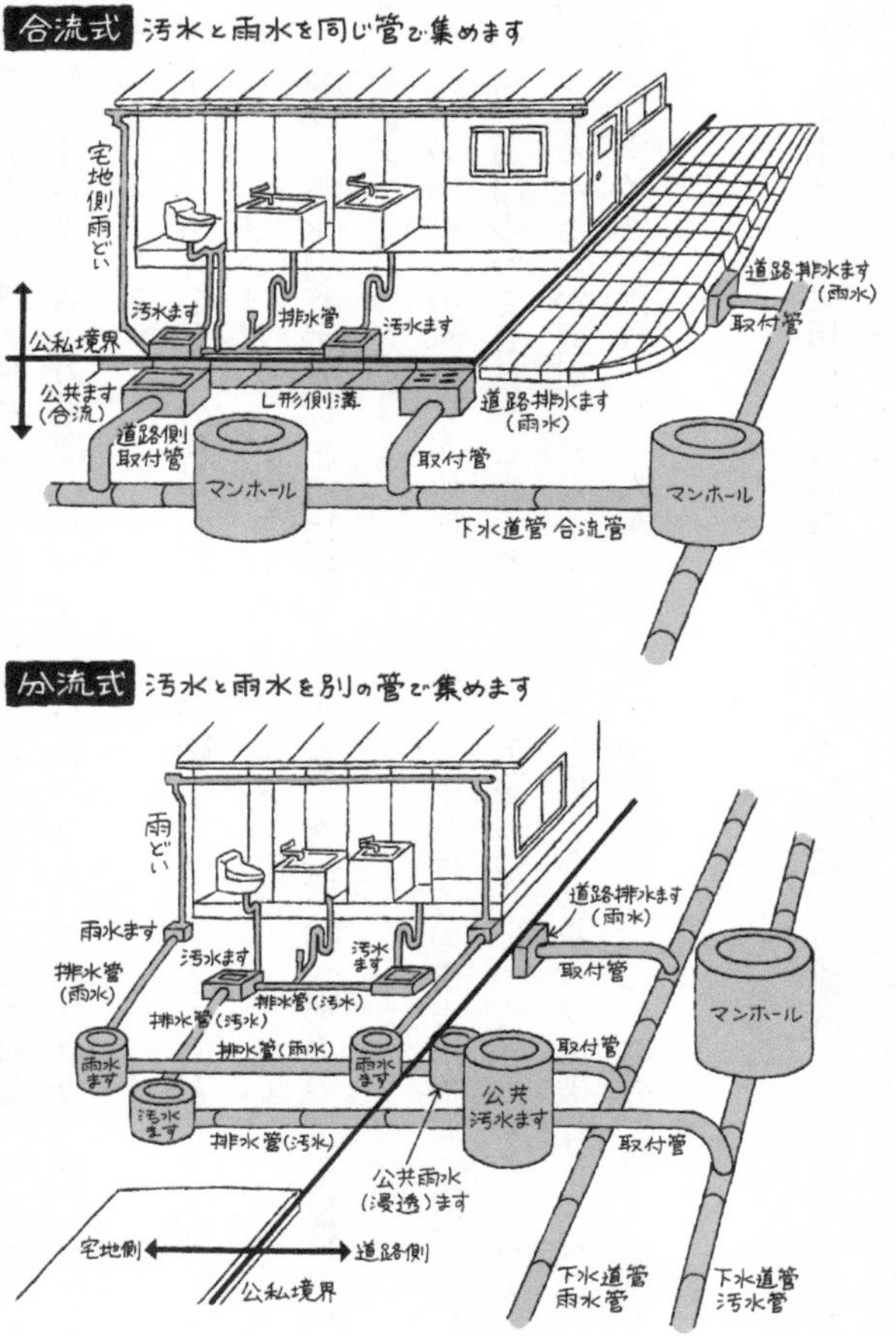

図1-7　分流式と合流式の違い。陸のごみはこのようにして海に流れ込む（東京都下水道局ホームページ「下水道のしくみ」をもとに作成）

ればならないので費用がかさむが、現在はこちらが主流になっている。衛生面ではこの分流式が有利だが、道路のごみは日常的にそのまま川や海に流されている。

プラスチックごみが生き物の自由を奪う

こうして海に流れ込んだプラスチックごみは、生き物たちを苦しめている。

まずひとつには、プラスチックごみは、生き物たちの体の自由を奪ってしまう。捨てられた漁網にからまってしまったウミガメ。脚に釣り糸が巻きついた海岸の海鳥たち。かれらは、こうしたプラスチックごみにからめとられてしまうと、自分で工夫してそれをほぐすことはできない。動きが鈍くなれば敵に攻撃されやすくなり、えさをとる能力もおちる。自然は過酷だ。かれらは種をひきつぐ適者として生存できない。

「ゴースト・フィッシング」という言葉がある。「ゴースト」とは幽霊のこと。捨てられた漁網に入りこんだ魚やカニが、外に出られなくなってしまう。そこには、だれもいない。まるで幽霊が漁をしているようだ。むかしは木綿や麻などの天然繊維でつくられていた漁網も、いまはプラスチックでできている。

オランダのヴァーヘニンゲン大学の研究者たちは、２０１５年に書いた論文で、プラスチックごみに苦しめられる動物たちに関する報告をまとめている。

ここでは、漁網のほか、ロープ、袋、シートなどさまざまなプラスチックごみが生き物にからみつくと指摘されている。クジラには、首やひれにからみつく。まだ小さいころ首のまわりに漁網などが巻きついてしまったアザラシが、成長とともに苦しむ例。海鳥たちは、くちばしや羽、脚にプラスチック製のひもがからまってしまい、飛ぶこともえさをとることもできなくなる。海岸の砂のなかに産み落とされた卵からかえったウミガメの赤ちゃんが、漂着したごみにはばまれて、海にたどりつけないこともあるという。

アシカの仲間を観察した結果によると、若いアシカは好奇心が強く、プラスチックごみで遊んでいるうちに体に巻きついてしまうようだ。まだ経験が浅く、プラスチックごみの危険性を知らないことも影響しているらしい。

海鳥のなかには、海岸でみつけた海藻で巣をつくるものも多い。そのとき、捨てられた漁網などを使ってしまう。親鳥もヒナも、これにからまって命をおとす。ウミガメでは、傷ついた皮膚が病気になったり、脚がちぎれてしまったりすることもあるという。

もうひとつの代表的な被害は、それをえさと間違えて食べてしまうことだ。

1997年に公表された論文では、プラスチックごみをえさと間違えて誤食していた鳥、カメ、ほ乳類の種の割合は、調査したうちの33％だったが、2015年にまとめられたこの論文では、それが44％に増えている。

鳥の誤食については、えさを探すときの習性が関係していると指摘されている。空から海面に飛び込むようにしてえさをとる鳥、魚よりむしろカニやエビなどの甲殻類、イカなどの頭足類をえさにする鳥、そして雑食性の鳥の誤食が多いようだ。

オランダの沿岸で発泡スチロールを調べたところ、その8割に鳥がつついたような跡がみられたという。えさになるものと間違えてしまったのだろうという。

ウミガメは、えさのクラゲと間違えてレジ袋やビニール袋などを食べてしまうようだ。とくに冬季に食べてしまうウミガメが多いのは、えさのクラゲが減る時期だからかもしれない。

生き物がプラスチックごみを誤食すると、胃や腸の管をふさぎ、場合によっては手ひどい傷を負って死にいたることがある。誤飲したストローが胃壁を破って死んでしまったマゼランペンギンがいる。ウミガメの場合、胃は通過しやすく、腸を傷つけ、その機能に影響する。4・5トンのマッコウクジラの胃から7・6キログラムのプラスチックごみが出てきた記録もある。

プラスチックごみの誤食は、たしかに消化管をふさいだり傷つけたりすることはあるが、コアホウドリのひな鳥の調査によると、それは直接の死因になるというよりも、栄養不足や脱水症状を引きおこす原因になっているらしい。ほとんどのひな鳥がプラスチックごみを食べていたし、そのほかウミガメもごくふつうに食べている。

プラスチックごみを食べて胃がふくらめば、もともと食べるはずだったえさが入る余裕がなくなる。おなかがいっぱいで、えさを探さなくなる可能性もある。シート状のプラスチックが腸壁に張りつけば、栄養の吸収をさまたげる恐れがある。プラスチックごみを食べた生き物は、こうして栄養不足になり、体がだんだん弱っていく。

マイクロプラスチックの生体への影響については、ごく最近になって研究が進んできている。マイクロプラスチックについては第三章で詳しく述べる。

プラスチックはプラスチックだけでできていない

プラスチックごみが環境にとって困り者なのは、プラスチックがプラスチックだけでできていないことも理由のひとつだ。

プラスチックには、紫外線や熱による劣化を防いだり、燃えにくくしたりするための物質が加えられている。たとえば、家庭電気製品や日用品に広く使われているポリプロピレンは、もともとのプラスチックだけだと、加熱すると簡単に酸化して劣化してしまうが、ほんのわずかな酸化防止剤をまぜると、寿命をはるかに延ばすことができる。これは長く安定した状態で使うための添加剤だ。

このほか、燃えにくくする難燃剤、柔軟にする可塑《かそ》剤、透明度を上げる透明化剤のように、新しい性質を与えて利用範囲を広げるための添加剤もある。たとえば、ポリ塩化ビニルというプラスチック。可塑剤をほとんど含まないポリ塩化ビニルは硬く、水道管などに使われる。だが、可塑剤を加えると軟らかくなり、おなじポリ塩化ビニルなのに、革の風合いをもつ人工皮革としておなじみだ。

最終的なプラスチックの重量の半分以上が添加剤ということも珍しくはない。さまざまな用途に対応できるプラスチック製品が身の回りにあふれているのは、もともと丈夫なプラスチックそのものに、各メーカーが工夫を凝らして添加剤を加えている結果なのだ。

プラスチックがごみとなって環境中に放置されると、この添加剤がしみだすことがある。添加剤は、あくまでも添加されている物質であり、プラスチックと強く結合しているわけではないので、しみだしやすい。

プラスチックそのものに特段の毒性はないが、添加剤のなかには生き物にとって有害な物質もある。たとえば、さきほど紹介したポリ塩化ビニルの可塑剤として添加されているビスフェノールA。ビスフェノールAは、ポリカーボネートというプラスチックの原料としても使われている。生体のホルモンの分泌を狂わせる性質があり、代表的な「環境ホルモン」としてひところ社会の関心を集めた。着色剤には、鉛や亜鉛、クロムのような有害な金属が含まれていることもある。

これらの物質は、食品に関連する場合、その濃度などについて食品衛生法で安全が確保されるしくみになっている。しかし、これはあくまでも食品を保存する容器などとして使用する場合を想定しており、ごみとなって細片化したプラスチックから環境にしみだす有害物質は考慮されていない。また、海を漂って外国から流れ着くプラスチックごみには、もちろん日本の法律は適用されていない。

前節の漂流ごみ調査のところでお話しした防衛大学校名誉教授の山口晴幸さんは、海岸に漂着したプラスチックごみが含む有害化学物質による環境汚染を２００５年から調べている。その結果が、「月刊やいま」（南山舎）の２０１９年12月号に連載の一部としてまとめられている。

この記事で山口さんが注目しているのは、おもに中国から流れ着いた、長さが13センチメートルほどの棒状の青い浮きだ。プラスチックでできていて、漁具として使われていたらしい。この浮きに使われている着色剤から、高濃度の鉛が検出されたのだという。とくに中国から流れ着いた浮きには、鉛もクロムも高濃度で含まれていた。

こうしたプラスチック製品が紫外線や熱で劣化して砕けると、新たにできた断面から有害物質がしみ出る可能性が高まる。また、鉛やクロム、亜鉛などの金属は、酸性度の高い液のなかで溶けだしやすくなる傾向にある。海水はややアルカリ性だが、プラスチックがマイクロプラスチックに砕けて生き物の体内に入れば、たとえば胃酸のように酸性度が高い環境に出合うことになる。

ミッシング・プラスチック

これまで、海に流れ込むプラスチックごみについてお話ししてきたが、じつはまだ、海に存在するはずのプラスチックごみの量について、根本的なことがわかっていない。海に流れ込み、漂っているはずのプラスチックごみのほとんどが行方不明なのだ。

この行方不明のプラスチックごみを「ミッシング・プラスチック」という。海洋の観測や研究をおこなっている海洋研究開発機構の研究者が、2018年に報道関係者向けに開いた勉強会で、これまでに公表された論文をもとにしたこんな推定値を紹介した。

これまでに生産されたプラスチックの総量は83億トン（33ページ）。プラスチックごみのうち海に流れ込むものの割合は、これもさきほど述べた米ジョージア大学などの研究によると1・7〜4・6％。ここでは少なめに見積もって1・7％とすると、海に流れ込んだプラスチックごみの量は1億4000万トン。ここでは切りのよい1億5000万トンとしておこう。これが、これまでに海に流れ込んだはずのプラスチックごみの量だ。

ただし、プラスチックのなかには海水より重いものもあるので、その半分が海面に浮いているとしよう。すると、海面を漂っているはずのプラスチックごみは7500万トンだ。これが、プラスチックの生産と廃棄の側からみた海のプラスチックごみの量の推定値だ。少なめに見積もっていることに注意しよう。

では、反対に、海洋調査の実測から推定されるプラスチックごみの量はどれくらいなのか。これは、外洋の一部を調査して、そこから全体を推定するほかないため、数字にはどうしても幅が出てしまう。過去の研究から、さきほどと逆に多めに見積もると、マイクロプラスチックの量は23万6000トン、それより大きなプラスチックごみの量は20万

3000トンで、あわせて約44万トンになる。

この「44万トン」は、沿岸ではなく外洋を漂っているプラスチックごみの総量の推定値だ。さきほどの「7500万トン」のうち、沿岸にとどまらずに外洋へ流れ出ていくごみの割合は6割くらいと考えられているので、「4500万トン」となる。これが「44万トン」と比較すべき数字だ。

まとめると、こういうことになる。これまでに生産、廃棄されたプラスチックのうち、少なめに見積もっても「4500万トン」が外洋の海面を漂っているはずだ。ところが、実際には多めに見積もっても「44万トン」しか漂っていない。「44万トン」といえば、「4500万トン」のわずか1％にすぎない。これまでに海に流れ出たプラスチックごみの99％は、すでにどこかに行ってしまったのだ。

「99％」には、海水より重くて沈んでしまったはずのプラスチックごみは含まれていない。つまり、「重くて沈んじゃったんじゃないの」という話ではなく、軽くて浮いているはずのプラスチックごみの99％がみあたらないのだ。「プラスチックは丈夫で、いつまでもごみのままなくならない」とよくいわれる。それならば、これまでに海に流れ込んだ海水より軽いプラスチックごみは、いつまでも海を漂っていてもよいはずだ。それなのに、ほと

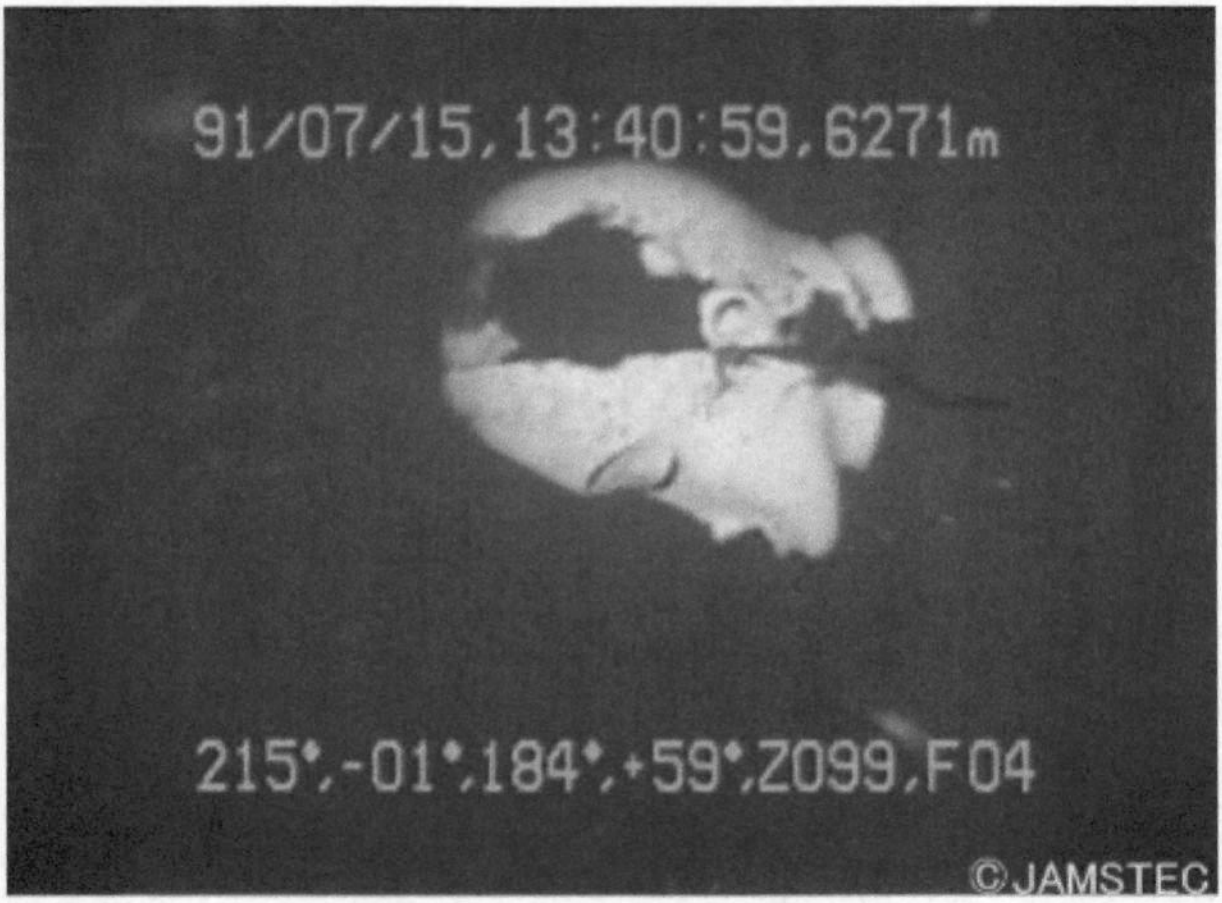

写真1-9　水深6300メートルの日本海溝に沈んでいたマネキンの頭部（画像提供　海洋研究開発機構）

んど全部がどこかへ行ってしまって、その行方がわからず「ミッシング」なのだ。

可能性としては、いくつかある。ごみのまわりに生き物が付着すれば、重くなって沈むかもしれない。マイクロプラスチックをえさと間違えて魚が食べ、その魚が死んでしまえば、マイクロプラスチックは魚とともに沈む可能性がある。海の生き物たちがだすさまざまな粘液にマイクロプラスチックがからめとられて、しだいに沈んでいくという説もある。あるいは、わたしたちには容易にはみつけられないほど小さくなってしまっているのかもしれない。

もちろん、いまの話とは別に、もとも

と海水より重くて沈んでしまったプラスチックごみもある。実際に、深海底でもプラスチックごみはみつかっている。海洋研究開発機構の有人潜水調査船「しんかい６５００」が、割れたマネキンの頭を深さ約６３００メートルの日本海溝で確認して話題になった（写真１－９）。マネキンは海水より重いプラスチックでつくられることが多い。

海に浮いているはずのプラスチックごみにしろ、沈んだものにしろ、海のプラスチックごみ全体の入りと出の収支勘定が合うほどには、研究はまだ進んでいない。

3　動きだしたプラスチックごみ対策

2018年にプラスチックごみ対策の動き

海に陸にプラスチックごみがあふれ、しかも半永久的になくならない。鼻にプラスチックのストローが刺さったウミガメの映像が、繰り返し流れる。プラスチックごみは、リサイクルにまわせば次のプラスチック製品の原料にもなるが、2018年からは中国が、リサイクル原料にするためのプラスチックごみの輸入をやめた。

プラスチックごみが増えて困るという問題はさして新しいものではないが、こうした差し迫った状況を背景に、2018年は世界のあちこちでプラスチックごみ対策の動きが目立った年だった。

「はじめに」でも触れたように、国連のアントニオ・グテーレス事務総長が2018年、プラスチックごみを減らす努力をみんなで始めようというメッセージを発した。この流れのなかでひとつの頂点をなしたのが、6月にカナダで開かれた主要国首脳会議（G7）でカナダと欧州諸国が承認した「海洋プラスチック憲章」といってよいだろう。容器や包装に使用される使い捨てプラスチックの国民ひとりあたりの廃棄量が世界ナンバーワンとナンバーツーの国、すなわち米国と日本が署名を拒んだことで話題になった憲章だ。

この憲章の特徴は、具体的な期限と量を明記する形で、各国にプラスチックごみ対策をうながしている点だ。空念仏に終わりがちなたんなる努力目標から一歩、ふみだしている。この憲章の内容を追いながら、いま世界がプラスチックごみをどうしようとしているのかをみていこう。

この憲章では、まず、プラスチックの使用をゼロにするといった過激な対策はとらないことを宣言している。プラスチックは20世紀のもっとも画期的な発明品であり、経済やわたしたちの日々の生活に重要な役割を果たしている。しかし、プラスチックをこのまま使っていけば、それは環境やわたしたちの暮らしを脅かし、やがて健康にまで脅威を与えることになる可能性がある。

したがって、とるべき対策の方向は、石油を原料にしてどんどんプラスチックを生産し、使い終わったらそのまま捨てるというような非効率な使い方ではなく、使い方の効率を上げて、わたしたちの生存と暮らしを維持できるよう「持続可能」な状態にもっていく必要がある。そのためには、生産だけとか廃棄だけといった特定の部分ではなく、回収やリサイクルなどを含む全体を考えていかなければならない。この考え方に沿って、政府や産業界、学界、一般市民、とりわけ若者たちの活動をうながし、支援していく。

憲章では総論でこのように「持続可能」を目指すこと、プラスチックの生産から使用、廃棄までの全体に目配りする必要があることを強調している。

「持続可能（サステイナブル）」は、地球温暖化の抑制でもよく使われる環境対策のキーワードだ。

地中に埋まった炭素のかたまり、つまり石炭や石油をわざわざ掘りだして使うことなど、人類しかしていない。その結果、大気中に二酸化炭素があまりにも増え、地球温暖化を進めている。現在のわたしたちの生活スタイルは、地球の生き物たちに迷惑をかけ、猛暑や干ばつ、豪雨といった災害などをとおして、すでにわたしたち自身にも脅威を与えつつある。

だからといって、世界全体がいまの生活をあきらめ、石炭や石油を大量消費していなかった200年まえの暮らしに戻るというのも非現実的だ。先進国ではなんとかいまの生活水準を維持し、途上国にも過度の負担を与えずにすむ方法はないものか。そのバランスをとり妥協策を探るための理念が「持続可能」だ。すっきりすべてを解決することができないとしても、なんとか工夫し、地球上で過度に苦しんでいる人たちを救いながら、できるだけ長く人類が生存できるようにしよう。そういうことだ。

プラスチックごみ問題の解決、いや解決はできないにしても、その考え方の方向は地球温暖化問題とおなじだということを、海洋プラスチック憲章は強調している。

海洋プラスチック憲章では、対策をとる期限として「２０３０年」があちこちに出てくる。憲章が承認されたのは18年6月だから、残りは10年ほどしかない。

まず、30年までに、すべてのプラスチック製品を、リユース、リサイクル可能なものにする。1回だけ使って捨ててしまうレジ袋タイプの製品はダメということだ。もし、どうしてもリユース、リサイクルできなければ、せめてきちんと回収し、燃やして熱を利用するといった有効利用に回す。それを産業界と協力して実行する。

プラスチックをつくる際には、リサイクル原料の利用率をすくなくとも50%増加させる。プラスチックは石油からつくるものだ。だが、そのほうが原料費が安くあがるからといって、いつも最初の石油からつくるのはやめようということだ。「それができる製品については」という留保がついてはいるが、この目標年も30年だ。

包装や容器として使われるプラスチック、つまり、それ自体が目的の製品ではなく、製品を運んだり保護したりする目的で使われてすぐに捨てられてしまうプラスチックは、30年までにすくなくとも55％をリサイクル、またはリユースするようにする。そして、2040年までにすべてのプラスチックを回収する。それを産業界や政府、自治体と協力して実行する。

また、使わずにすむ使い捨てのプラスチックを大幅に減らすことを目指すが、その際、その代替品が環境に与える悪影響も考慮しなければならないと指摘している。

これらの目標を実現すべく、憲章に同意した各国が残り10年で取り組んでいくことになる。

リデュース、リユース、リサイクル、リカバリー

ここで、海洋プラスチック憲章にも出てくる「リデュース」「リユース」「リサイクル」「リカバリー」について説明しておこう。

「リデュース（reduce）」はプラスチックそのものの使用量を減らすことだ。レジ袋の代わりに紙袋を使ったり、プラスチックストローではなく紙のストローを使ったりすれ

ば、そのぶんプラスチックを使わずにすむ。また、プラスチックの袋をいちど使っただけで捨てずに10回使えば、プラスチックの使用量は10分の1になる。できるだけ長く使い続ければ、それだけ使用量を減らすことができる。

ただし、注意しなければいけないのは、いまわたしたちが目的としているのは地球の環境を守ることであり、プラスチックごみさえ減れば、そのほかはどうなってもよいわけではないという点だ。プラスチックの使用量が減って紙の消費が増えれば、その原料となる木が伐採されかねない。現代社会の紙の大量消費は、自然林の過度の伐採を招く。プラスチックの代わりに紙の消費が増えて、紙の原料となる木の価格が上がるようなことがあれば、伐採を商売にしようとする動きが強まるだろう。

また、レジ袋をもらわずに自分のバッグを持ち歩いても、そのバッグがプラスチックでできているなら注意が必要だ。持ち歩き用のバッグは、レジ袋よりしっかりできているぶんだけ、たくさんのプラスチックが使われている。かりに１００倍のプラスチックが使われているとすれば、１００回以上繰り返して使用しなければ、もとがとれない。50回使ったところで飽きて別のバッグに買い替えたり、乱暴に扱って破れてしまったりすれば、意味がない。

「リデュース」は、わたしたち一人ひとりがきょうからでも始められるという点で、身近な取り組みといえる。だが、それだけでは行き届かない部分もある。長く使い続けるといっても、耐久性の高いプラスチック製品をつくらなければ、そうはできない。電気製品にはたくさんのプラスチックが使われているが、メーカーが修理部品をそろえ、修理費用も抑えるようにしなければ、長く使うことができない。産業界が前向きな姿勢を示すことも必要だ。

「リユース（ｒｅｕｓｅ）」は再利用のこと。不用になったプラスチック製品をつぶしてプラスチック原料にするのは「リサイクル」で、そのまま再利用するのが「リユース」だ。

リユースは、わたしたちもすでに実行している。たとえば、詰め替え用のシャンプーや化粧品。最初にボトルごと買ってくれれば、つぎからは詰め替えて使える。プラスチックでできているボトルの再利用だ。わたしもよく使っている。ときにはボトル入りを買ったほうが安い場合もあるし、詰め替え用品もプラスチック袋に入ってはいるが、ともかくも、これが「リユース」の一例だ。

このほか、いらなくなったプラスチック製品をフリーマーケットに出して他の人に使ってもらったり、古着を買って着るのもリユースだ。衣服の素材になっている「ポリエステル」はプラスチックの一種なので、これもプラスチックのリユースになる。よく「古着のリサイクル」といわれるが、これはほんとうはリサイクルではなくリユースだ。

牛乳は、いまでこそ紙パック入りがふつうだが、かつてはガラスびんに入ったものを牛乳屋さんに届けてもらい、空きびんを持ち帰ってもらっていた。スーパー銭湯や温泉に行くと、いまでも脱衣場でガラスびんの牛乳が自動販売機に並んでいる。飲んだ空きびんは、そばのケースに並べておけば回収される。

回収された空の牛乳びんは、洗って再利用される。典型的なリユースだ。ガラスは丈夫なので、そもそもリユースしやすい。牛乳びんのように、おなじ空きびんを大量に回収できれば、リユースの作業も効率的に行える。

おなじ飲み物でも、水やジュースが入ったペットボトルの場合は、その点でリユースは難しい。ちょっと強くにぎればつぶれて傷つくし、回収しても、さまざまな形のボトルがまじっている。コピー機で使うトナーやプリンターのインクは、容器を集めて再利用しているが、電器店など特定の場所に持っていかなければならない。「回収してリユース」という流れは、現実には意外に難しい。

そうしたなかで、企業が協力して容器を回収、再利用するしくみが動き始めている。ごみの再利用やリサイクルを進める米国の「テラサイクル」という会社は2019年、「ループ」というしくみを立ち上げた。賛同する企業と協力して、シャンプーや洗剤などの生活用品が入っているプラスチック容器を丈夫なものに替え、空になった容器を回収、洗浄して再利用する試みだ。企業の側にとっても、環境に配慮している点を消費者にアピールできる。日本でも、2020年秋から実施するとイオンが2019年暮れに発表した。量的にどれだけのプラスチック削減効果があるかははっきりしないが、市民の支持を得て企業が動くこの形も、プラスチックごみ削減のひとつの行き方だろう。

プラスチックごみといえばリサイクル。そう思っている人も多いはずだ。家庭ごみを分別する際も、プラスチックをリサイクルするためとしばしば説明されている。

プラスチックごみについて「リサイクル（recycle）」という場合、回収して砕いたり熱を加えたりして、もういちどなにかの製品の原料として使うことをさす。

リサイクルにはふたつの種類がある。ひとつは「マテリアルリサイクル」、もうひとつは「ケミカルリサイクル」だ。

マテリアルリサイクルは、プラスチックごみをプラスチックのまま原料にして、つぎの新しいプラスチック製品をつくることだ。いろいろな種類のプラスチックがまじると原料にできないので、まず種類ごとにわけて不純物を取り除き、砕いて洗って「フレーク」とよばれる原料にしたり、それを溶かして粒状の「ペレット」にしたりして使う。

マテリアルリサイクルは、産業系のプラスチックごみに向いている。ひとつの種類のプラスチックを大量に集めやすく、汚れや異物も少ないからだ。

家庭から出るプラスチックごみで中心になるのはペットボトル、つまりポリエチレンテレフタレートだ。ペットボトルの「ペット」とは、ポリエチレンテレフタレートの略称だ。集めたペットボトルはリサイクル工場に送られてフレークやペレットになり、衣服をつくる繊維や洗剤ボトルなどに加工される。ペットボトルを原料にするマテリアルリサイクルでペットボトルをつくることは少ない。においや衛生面などの問題で再生利用しにくいからだ。

マテリアルリサイクルの場合は、たとえばポリエチレンテレフタレートだと、砕いたりしてもポリエチレンテレフタレートのまま原料にするが、もうひとつのケミカルリサイクルは、さらに化学成分にまで戻して再利用の原料にする。ケミカルリサイクルの「ケミカル」とは、この「化学」のことだ。ペットボトルをふたたびペットボトルにする場合でも、ポリエチレンテレフタレートをテレフタル酸ジメチル、テレフタル酸にまで分解し、それからペットボトルを再生することができる。

このほか、製鉄所で鉄鉱石から鉄をつくる際、粒状にしたプラスチックを鉄鉱石と反応させるコークスの代わりに使ったり、加熱して水素などのガスを取り出して使うケミカルリサイクルもある。もとの製品とおなじ種類のプラスチック製品を再生するのではないこれらの使い方の場合、プラスチックの種類を厳密に分けなくてもよいというメリットがある。

日本独自の「サーマルリサイクル」

36ページで述べた日本独自の「リサイクル」、サーマルリサイクルについて、ここで説明しておきたい。

プラスチックはもともと石油なので、よく燃える。燃やしたときに出る熱は、一般の生ごみより多い。だから、プラスチックごみも、燃やしてその熱を利用すれば、見方によっては「エネルギーの再利用」ともいえる。一般のごみにまぜて燃やしたり、固形燃料にしたうえで燃やしたり、いろいろな方法がある。いずれにしても、たんに燃やしてしまうのではなく、発生した熱で発電したり、温水をつくって周囲の施設で使ったりするプラスチックごみの処理方法をサーマルリサイクルという。

サーマルリサイクルは和製英語で、すでに述べたとおり、世界標準ではリサイクルと認められていない。ふつうは「エネルギーリカバリー」という。日本語では「熱回収」だ。

世界のプラスチックごみのうち、リサイクルされているのは全体の9％。それに対して、日本のリサイクル率は8割を超えているとしばしばいわれ、リサイクルの優等生の感がある。だが、この「8割」には熱回収が含まれている。

一般社団法人「プラスチック循環利用協会」の「プラスチックリサイクルの基礎知識2019」によると、2017年に国内で出たプラスチックごみの総量は903万トン。そのうちリサイクルされたのは86％の775万トンだった。

この86％の内訳は、サーマルリサイクルが58％でもっとも多く、マテリアルリサイクルが23％、残りがケミカルリサイクルだ。このほかに、熱回収しない単純焼却が全体の8％あるので、ようするに58％プラス8％の66％が焼却処分されていることになる。マテリアルリサイクルとケミカルリサイクルの合計は27％にしかならない。

つまり、日本のプラスチックごみは、世界標準でみると7割が焼却処分され、リサイクル率は3割たらずということになる。ヨーロッパ全体のプラスチック協会にあたる「プラスチック・ヨーロッパ」が公開しているデータによると、18年のヨーロッパ各国のリサイクル率は3割前後なので、世界的にみると、日本のリサイクル率はごく標準的ということになる。とくに優等生ではない。

ただし、日本に多い熱回収がプラスチックごみの処理方法として特異なのかというと、かならずしもそうではない。ヨーロッパのデータには、ごみの埋め立て処分を制限している国々として、スイスやオーストリア、オランダなど国土面積の小さい国を中心に10か国が掲載されており、いずれの国も3割前後がリサイクル、残りのほぼすべてが熱回収にまわされている。環境先進国とされるドイツも、リサイクル率は4割弱で、残りのほぼすべてが熱回収だ。

日本はこれまで熱回収をリサイクルに含めてきたので、世界的に特異な「リサイクル率」を達成してしまっているだけで、熱回収そのものは、現実には特別な処理法ではない。プラスチック循環利用協会の「プラスチックリサイクルの基礎知識２０１９」ではサーマルリサイクルという言葉が使われているが、環境省は最近、それを使わずに熱回収というようになった。

「リカバリー（recovery）」は、広義にはマテリアルリサイクル、ケミカルリサイクル、熱回収をまとめて指している。なんらかの形でプラスチックごみを有効利用している。

リデュース、リユース、リサイクルの頭文字をとって「3R《スリーアール》」とよばれることがある。プラスチックにかぎらず、ごみを減らすための心がけを示している。まずはごみを減らし、再利用し、そしてリサイクル。この順でごみの減量を心がけましょうということだ。

世界の波に乗れなかった日本

さて、海洋プラスチック憲章の話に戻ろう。この憲章では、2030年をターゲットにして、プラスチックごみ削減の目標値を世界の先進国が共有しようとしたが、それに米国と日本は加わらなかった。

米国は、地球温暖化を抑制する方策について世界が合意した「パリ協定」からの離脱を決めた国だ。地球温暖化の原因となる二酸化炭素を中国についで2番目に多く出しながら、その抑制に取り組む枠組みから離脱した米国。そして、海洋プラスチック憲章でこの米国に同調した日本。日本もまた、米国とおなじく、地球規模の環境問題への取り組みに消極的な国だという印象を与えた。

日本は海に囲まれ、むかしから海の恵みを受けてきたのに、なぜ海洋プラスチック憲章に署名しなかったのか。その批判に対し、政府は18年6月、「国民生活や国民経済への影響を慎重に検討し、精査する必要があるため」と正式に国会の答弁書で述べている。

プラスチックごみ問題をなんとか解決しなければならないという世界の流れは、いまに始まったものではなく、15年6月にはドイツで開かれた主要国首脳会議で「海洋ごみ問題に対処するためのG7行動計画」が策定されている。15年9月の国連サミットで採択された「持続可能な開発目標（SDGs）」でも、海洋ごみを含む海の汚染を25年までに防止するとうたっている。SDGsでは世界が協力して解決すべき17の目標を掲げているが、その具体的な提案は30年を目標年としたものが多い。

さらに、「海洋中のプラスチックの重さが2050年までに魚を上回る」というショッキングな推定が話題になったのは、16年1月の世界経済フォーラム年次総会。なにより日本は、その年5月に三重県志摩《しま》市でみずからが主催国となって開いた主要国首脳会議で、「海洋ごみに対処する」と首脳宣言に書き込んだ。

海のプラスチックごみ問題に急いで対処しようという世界の流れは、こうして15年ごろから高まっていた。それなのに、海洋プラスチック憲章についての政府の答弁書は、ようするに「まだよく考えていません」「業界など各方面との調整が終わっていません」という趣旨だと国民に受け取られてもしかたのないものだ。日本が世界の波に乗り遅れていることをあらためて印象づけることになった。

そしてこの答弁書では、世界の20か国・地域が参加して19年6月に大阪で開かれる予定の首脳会合（G20）で海洋ごみ問題に取り組みたいとも述べている。

日本が世界と歩調を合わせそこなっていたあいだに、世界の国々は、ストローなどの使い捨てプラスチックやマイクロプラスチックについての規制を強めていった。

環境省の資料によると、フランスでは、使い捨てプラスチック容器の使用を20年から原則として禁止する政令を、すでに16年に公布している。化粧品や洗顔料には微小なプラスチックの粒が含まれていることがあるが、イタリアはこれを含む製品の製造や流通を20年から禁止する計画を18年に決めた。イギリスは、プラスチックのストロー、マドラー、綿棒の販売を禁止すると18年に発表した。米ニューヨーク市では、使い捨ての買い物袋の使用、公園でのペットボトルの販売はすでに禁止されているという。台湾でも、19年から使い捨てプラスチック容器などを段階的に禁止していく。

米国は、海洋プラスチック憲章に参加しない連邦政府とは別に、プラスチックごみ問題に積極的に取り組んでいる州や市がある。カリフォルニア州では、14年に使い捨てレジ袋の使用を禁止する法律が米国で初めて成立した。15年、16年と段階的に実施される予定だったが、新法の廃棄をめざす住民投票が16年に行われ、その結果、レジ袋はやはり禁止されることになった。ニューヨーク州もレジ袋の使用禁止を19年に決めた。ハワイ州では20年1月から、レジで渡すビニール袋の使用が禁止された。

民間企業の取り組みも始まっている。

コーヒーチェーンのスターバックスは18年、プラスチックストローの使用を、20年末までに世界の全店舗でやめると発表している。スターバックスコーヒージャパンは、20年から紙ストローの提供を始めた。国内で年間2億本のプラスチックストローを削減できるという。コカ・コーラ、マクドナルド、ネスレなども、ペットボトルの原料にリサイクル素材を使ったり、包装や容器をリサイクル可能なものに替えたりしていくことを公表した。

さきほどの政府の答弁書にも書かれていた主要20か国・地域の首脳会合（G20）が19年6月、大阪で開かれた。その首脳宣言には「2050年までに海洋プラスチックごみによる追加的な汚染をゼロにまで削減することを目指す」と書かれている。もう海に出てしまったプラスチックごみを回収することはできないが、すくなくとも新たなごみの流入は50年までにゼロにしようというわけだ。

この首脳宣言に対しては、疑義もあいついだ。まず、目標年が「２０５０年」であること。ちょうど1年まえに合意された海洋プラスチック憲章では２０３０年を目標にすえていたので、問題の解決を20年も先送りにした感があった。「社会にとってのプラスチックの重要な役割を認識しつつ」「革新的な解決策」といった現状肯定的で、まだ見ぬ技術に期待するかのような文言も並んでいた。

この首脳宣言に、環境保護団体はすぐさま反応した。たとえばＷＷＦジャパンなどは、「２０５０年」では遅すぎると批判した。海洋プラスチック憲章と同様に、「２０３０年」までの削減目標を日本政府が率先して示すべきだと訴えた。

朝日新聞の19年7月4日付夕刊によると、交渉の過程ではヨーロッパなどから「２０３０年」を求める意見が出ていたという。50年では遅すぎるというのだ。それに対し、途上国などから今後10年では回収やごみ管理の体制を整えきれないとの意見が出され、結局は「２０５０年」になった。

海洋プラスチック憲章にくらべて具体性に乏しいという指摘もあった。憲章には「100％」「55％」「50％」などの数値目標が掲げられていたが、G20の首脳宣言や関連文書は、世界が共通の目標とすべき数値に乏しい。海洋プラスチック憲章に加わらなかった日本政府が、みずからがホスト国となるG20では、こんどこそ世界をリードする数値目標を提示するのではないか。そんな期待をよそに、「一所懸命がんばります」では実効性に欠けるのではないか。しかも目標は50年だ。さきほどのWWFジャパンなどの批判は、その点をついている。

もっとも、日本がプラスチックごみ問題に対し無策だったわけではない。事実、プラスチックごみのリサイクル率は、ヨーロッパ諸国なみの3割を保っている。

ごみのリサイクルについては、その種類ごとにいくつものリサイクル法が定められている。たとえば、使い捨てのプラスチックごみになりやすい包装や容器についてリサイクルを義務づける容器包装リサイクル法は、1995年に制定されている。不用になったテレビ、冷蔵庫、洗濯機、エアコンについては、98年に制定した家電リサイクル法で、メーカーにリサイクルを義務づけている。これはプラスチックごみを対象としたものではないが、家電製品には多くのプラスチックが使われており、間接的にはプラスチックごみ対策といえる。

２０００年に制定された循環型社会形成推進基本法は、使い捨て社会から脱するための基本的な姿勢を定めた法律で、まず取り組むべきはごみそのものを減らす「リデュース」、そして「リユース」「リサイクル」、それでもだめなら「熱回収」というように優先順位を示している。

このように、社会の実情にあわせて新法を追加したり修正を加えたりして、ごみの減量と処理に取り組んでいる。

それにもかかわらず、日本の取り組みが遅々として進んでいないようにみえるのは、やはり世界の流れに乗れていないことが背景にあるのではないか。ごみ事情は国によって違うので、世界の国々とおなじことをするのがベストとはかぎらないが、たとえばレジ袋の規制や有料化にしても、各国が次々に導入を進めているなかで、日本はやっと20年7月にスタートさせる。「どうせやるなら、なぜこんなに遅くなるの？」というのは、ごくふつうの市民感情だろう。

日本政府のさまざまな取り組みには、世界の流れに背を向けて、ときに「ガラパゴス化」と揶揄《やゆ》される独自路線をとる傾向があることも、国民に疑いの気持ちを抱かせている原因かもしれない。

たとえばエネルギー問題。11年の東日本大震災で東京電力の原子力発電所が大災害をおこしても、世界的に原発への懐疑的な見方が強まるなかで、いまだに原発への志向は消えない。地球温暖化の原因となる二酸化炭素を大気中に放出する石炭火力発電についても、政府は増設を計画している。19年12月にスペインで開かれた「国連気候変動枠組条約締約国会議（COP25）」では、石炭火力発電を進める日本政府の姿勢に対し、小泉進次郎《こいずみしんじろう》環境相が環境NGOから批判をあびたと伝えられた。世界が太陽光発電、風力発電などの再生可能エネルギーへとかじを切っているなかで進めるこのようなエネルギー政策に、違和感をおぼえる国民も少なくないだろう。

地球温暖化にしてもプラスチックごみにしても、環境問題はとかく極論に走りがちだ。個人のレベルでも業界のレベルでも、あらかじめ用意した自説を曲げず、感情的になる。それでは事は動かない。ごみ問題は、それぞれの国、社会に特有の面もあり、そのうえで世界が協力しなければ解決に向かわない。日本がいま一方的に困った国だというわけでもないが、かといって、こと海のプラスチックごみ問題については「後進国」になるわけにもいかない。予定調和的な物言いで恐縮だが、日本が世界と協調して、いやリードして対策を講じていくことができるよう、市民一人ひとりが冷静に関心を持ち続けることが、やはり大切なのではないか。

レジ袋の有料化はレジ袋の値上げ？

20年7月からレジ袋の有料化を義務づけることが決まったのは、19年末の国の検討会だった。植物などを原料にしたプラスチック成分を25％以上含む袋や、使い捨てになりにくいと考えられる厚さ0・05ミリメートル以上の袋などの例外はあるが、全国すべての小売店で、レジ袋は原則有料となる。

もっとも、レジ袋の有料化は、国が規制するまでもなく、すでに社会に広まっている。京都大学の酒井《さかい》伸一《しんいち》教授らの調査によると、国内で17～18年に使われたレジ袋は国民ひとりあたり年間約150枚と推定され、08年の時点から半減している。

レジ袋1枚の重さを大きめに見積もって10グラム、年間約150億枚とすると全部で15万トン。国内で出るプラスチックごみの総量は年間約900万トンなので、レジ袋のしめる割合は1・7％。レジ袋は身近で目につく使い捨てプラスチックではあるが、プラスチックごみ全体にしめる割合は、ほんのわずかだ。

また、たとえスーパーなどがレジ袋を無料で配っていたとしても、スーパーはそのレジ袋を無料で仕入れているわけではなく、その費用は商品の価格などにもともと含まれている。レジ袋はむかしから有料だったわけだ。そう考えると、今回のレジ袋の有料化は、レジ袋をあらためて「有料化」し、商品価格とは別にさらに消費者に負担を求める制度だということになる。「有料化」というよりも、むしろレジ袋の値上げであり、「あなたはレジ袋にお金を払っているのですよ」と消費者に意識づける「可視化」の意味合いが強いともいえそうだ。

レジ袋は使い捨てられやすいプラスチックであり、環境を汚す、とてもやっかいなプラスチックごみだ。したがって、レジ袋を徹底的に減らそうという動きに、もちろん意義はあるだろう。だが、それで安心してはいけない。プラスチックごみの総量にくらべれば、その割合はとても小さいことも知っておいてほしい。ほかにもやるべきことが、たくさんあるということだ。レジ袋の有料化を、プラスチックごみに対する社会の意識を高める象徴として、確実なごみの減量につなげていきたい。

4　プラスチックごみ輸入禁止の衝撃

中国がプラスチックごみの輸入をやめた

中国が2018年からプラスチックごみの輸入をやめた。プラスチックはリサイクルできるので、新たなプラスチック製品をつくるための原料になる。中国は、製造を急ぐため世界の各国から輸入してきたが、プラスチックごみをはじめとする汚れた輸入廃棄物が国内に急増し、国民の健康被害も心配されることから、輸入の禁止に踏み切った。中国は、この方針を17年7月に世界貿易機関に通告した。

日本も、中国や東南アジアなどの国々にプラスチックごみを輸出してきた。日本のプラスチックごみのリサイクル率は、2017年の統計でマテリアルリサイクルが23%、ケミカルリサイクルが4%だというお話はした。じつは、このマテリアルリサイクルのうちかなりの部分が輸出に回されたものだ。すべてが国内でリサイクルされているわけではない。

日本からは、もともとどれくらいの量のプラスチックごみが海外に輸出されていたのだろうか。中国が世界貿易機関に輸入禁止を通告した直後から、日本から中国へのプラスチックごみの輸出は減ってきているので、その影響を受けていない16年の統計が必要だ。それは、一般社団法人「プラスチック循環利用協会」の報告書「プラスチックリサイクルの基礎知識２０１８」に載っている。

それによると、16年に日本で出たプラスチックごみは８９９万トン。そのうちマテリアルリサイクルに回ったのは23％の２０６万トン、ケミカルリサイクルは４％の36万トンで、合計27％の２４２万トンがリサイクルされたことになる。パーセントでは17年と変わらない。

財務省の貿易統計によると、16年に日本から輸出されたプラスチックごみの量は１５３万トンだった。これをさきほどの２４２万トンから引くと89万トン。これが国内でリサイクルされたプラスチックごみということになる。日本のプラスチックごみでリサイクルに回った２４２万トンのうち、６割が輸出されたわけだ。国内のリサイクルに回ったのは、プラスチックごみの総量８９９万トンのうち１割にすぎない。国内でのリサイクル率は思いのほか低い。

中国がプラスチックごみの輸入を禁止する方針をあきらかにしていない16年に、日本から中国に輸出されたプラスチックごみは80万トンだった。輸出されたプラスチックごみ全体の53%になる。財務省貿易統計で中国に続いているのが、香港《ホンコン》の49万トン、台湾の6万9000トン、ベトナムの6万6000トン、マレーシアの3万3000トン、韓国の2万9000トンだった。中国が半分をしめ、残りの7割を香港に輸出していることになる。これからお話しするように、中国の措置により香港への輸出も激減するので、全体のうち中国と香港をあわせた8割が、その影響を受けることになる。

中国が輸入を禁止した18年の状況を、この16年とくらべてみよう。

まず、その中国への輸出は4万6000トンだった。16年は80万トンだったから、ほとんどゼロになったといってもよいほどだ。香港も5万4000トンに減っている。中国と香港をあわせて10万トン。約130万トンから激減だ。

逆に急増したのはマレーシアの22万トン。タイも19万トン、台湾は18万トン、ベトナムは12万トン、韓国は10万トンに急増している。

輸出量の合計は101万トンだった。この年に国内で出たプラスチックごみの量は891万トンで、16年とほとんど変わっていない。ということは、輸出量が153万トンから減ったぶんだけ、国内に滞留していることになる。

行き場を失うプラスチックごみ

読売新聞の2018年7月2日付朝刊は、国内で急増するプラスチックごみをリサイクル業者がさばききれなくなっている現状を伝えている。関東地方のある産業廃棄物業者は、コンビニや企業から出るペットボトルなどを回収業者から買い取り、月に約3000トンを中国に輸出してきたのだという。行き場を失ったプラスチックごみが敷地内に積みあげられている写真も添えてある。

中国への輸出量が激減する一方で、マレーシアやベトナムなどへの輸出が増えている理由について、公益財団法人「地球環境戦略研究機関」が18年10月に公表した報告書は、プラスチックごみの輸出業者へのインタビューをもとに、つぎのように指摘している。

中国はプラスチックごみの輸入を禁止したが、ごみから再生した製品の輸入まで禁止したわけではない。そこでマレーシアなどでリサイクル原料などに加工したプラスチックを輸入している。中国に運ばれるプラスチックに、マレーシアなど近隣の国々を経由する別ルートができたというのだ。

マレーシアやタイ、ベトナムは中国に近いため輸送に手間がかからず、再生処理に必要な電力や水道などのインフラも整っている。中国では、いまもプラスチック原料を必要としている。中国国内で原料に加工するプラスチックごみが手に入らなくなった再生業者が、再生工場を東南アジアの国々に移すケースもあるという。

この報告書では、今後ありうるマテリアルリサイクルのルートについても考察している。

一つめは、東南アジアの国々に輸出して再生処理を任せ、リサイクル原料などにしたうえで中国に再輸出するルートだ。だが、汚れたプラスチックごみの大量輸入で国内の環境が汚染されるのを嫌うこれらの国々が、中国と同様に受け入れを制限する方向に動いている。

二つめは、日本からプラスチックごみのままで輸出するのではなく、プラスチック原料に加工したうえで中国に輸出するルートだ。この場合、人件費など再生処理に必要なコストが低い東南アジアの国々と価格面で競争することになる。回収を効率化し、再処理施設の大型化などで価格競争力をつけることが必須《ひっす》だという。

三つめが、日本の国内で再生、製品化まで完結させるルートだ。この案の最大の問題点は、日本国内で再生プラスチックの需要が多くないことだ。きちんとマテリアルリサイクルするためには、プラスチックが汚れていてはいけないし、種類ごとに分けなくてはならない。現実には複数の種類をくっつけてある製品も多く、どうしてもリサイクル不能なプラスチックごみは出る。そうした役に立たないプラスチックごみは、焼却するか埋めるかしかない。この点は、プラスチックごみを東南アジアの国に輸出しても、それぞれの国でおなじことがおこる。

そう考えてくると、日本のプラスチックごみ問題をいっきに解決する妙案はないことがわかる。国内で処理しようとすると、その一部はどうしても焼却したり埋め立てたりすることになるし、そのやっかいな部分を輸出という形で他国に押しつけるのも、どうかと思う。

家庭から出るプラスチックごみは、雑多なごみがまじっていてリサイクルしにくい。だからこそ、容器包装リサイクル法があり、家庭でも分別収集にいそしんでいる。一市民としては、まずは家庭から出るプラスチックごみの減量を急ぐべしということになるのだろう。

第二章　プラスチックは地球の異物

1　プラスチックはリサイクルのはみだし者

地球はプラスチックを扱いきれない

プラスチックがごみになったとき、どうしてそれが問題になるのか。なぜそんな性質をもっているのか。地球の環境にとっていったい何者なのか。そのような点に注目しながら、プラスチックという物質そのものについて、これからもうすこし詳しくみていきたい。

プラスチックごみの問題は、たとえ細かく砕けようとも分解されることのない物質が世界中でこんなにもたくさん使われ、そして捨てられ、海にも流れ込んでいつまでも地球を汚し続けるというものだ。

わたしたち人間は、近代以降に科学を発展させ、その知識を応用した技術で自然を変えてきた。とくに産業革命を経たここ200年ほどは、わたしたちの便利な暮らしと引き換えに、地球の自然に大きな負担をかけるようになった。そのひとつが地球温暖化であり、もうひとつがプラスチックごみの問題だ。

　これからお話しすることの結論を先取りして述べておこう。地球環境は本来、壮大なリサイクルで成り立っているものだ。大気中の物質を生き物が利用し、生き物は死んでその物質を大気に戻す。そのリサイクルに割って入り、自然な循環を壊してしまったのが、わたしたち人間だ。地球のリサイクルにかかる年月にくらべ、わたしたちは事を急ぎすぎている。プラスチックを大量消費するようになって、まだせいぜい１００年ほど。プラスチックという人工物は、地球にとっては異物だ。その異物の急増に、地球本来のリサイクルはいま対応できていない。地球はプラスチックを扱いきれていないのだ。


　地球の自然環境は、壮大なリサイクルで営まれている。この説明から話を始めよう。

　地球の自然を構成しているのは、岩石と水、大気、そして生き物だ。このうち岩石と水、生き物は、そのほとんどが地球の表面や内部に存在している。大気は上空にいくとどんどん薄まってはいくが、重力で地球に引きつけられているので、これもやはり、地球の近くにとどめおかれているといってよい。つまり、地球は、地球を構成している「物質」でみるかぎり、宇宙空間に孤立している存在だ。

　もちろん、宇宙からいん石は落ちてくるし、太陽からは電気を帯びた粒子も飛び込んでくる。だから、厳密にいえば、地球は物質的にも孤立しているわけではないが、そうした細かいできごとは別にして、地球のおおまかな姿をみていきたい。

地球はいまから46億年まえに誕生した。その後、どろどろに溶けた岩と大気の時代、そこに生き物が加わった時代など、地球はさまざまな姿を経験してきた。そして、そのときどきに応じて、岩石、水、大気、生き物たちは、さまざまな物質を利用しあってきた。火山ガスなどとして放出されていた大気中の二酸化炭素を利用して「光合成」で酸素をつくりだせる植物が誕生し、その酸素を使って生きていく動物が生まれる。植物や動物の体は、もともとは大気などに含まれていた物質でできている。動物が死ねば、その体はやがて植物が育つための肥料にもなる。

このように、地球上に存在するものは、おたがいに物質を利用しあっている。見方を変えると、ひとつの物質が、あるときは大気中に、またあるときは生き物の体として存在していることになる。つまり、地球上の物質は、その姿を変えながら壮大なリサイクルで地球をめぐっているのだ。

そのとき、とりわけ大切なキーワードになるのが「炭素」だ。炭素は地球をめぐる。それを「炭素の循環」という。プラスチックごみ問題の本質は、わたしたちがプラスチックを大量に消費し、この自然な炭素の循環をくずしてしまっている点にある。その点に話を進めるまえに、そもそも物質とはどのような構成になっているのかをおさらいしておこう。それは、プラスチックの性質を理解するためのキーポイントにもなる。

生き物の体は「炭素」でできている

この世のあらゆるものは、約120種類の「部品」の組み合わせでできている。この「部品」を「原子」という。どんなものでも、それを細かく分けていくと原子にいきつく。この原子がいくつか組み合わされて「分子」になる。その大きさは、その種類にもよるが、分子はおよそ100万分の1ミリメートル、原子はさらにその10分の1くらいだ。ふつうの顕微鏡では見ることができない小ささだ。

炭素は、いろいろな分子の骨格になる。柱や梁《はり》が家の骨組みであるように、炭素原子どうしが結びついて、分子の基本的な骨組みをつくる。その炭素原子に、酸素や窒素などさまざまな原子が結びついて、それぞれ性質の違う分子ができあがる。

人間の体は、およそ体重の6割が水分で2割がたんぱく質でできている。たんぱく質は、筋肉の主要な成分であり、種類によってはエネルギー源にもなる。たんぱく質の分子は、アミノ酸とよばれるもっと小さな分子の集まりだ。肉や魚などを食べると、そこに含まれているたんぱく質はいちどアミノ酸に分解され、必要なたんぱく質に組み替えられる。

化学のなかには「有機化学」という研究分野がある。炭素原子を含む物質を有機化合物といい、有機化合物を研究対象にしているのが有機化学だ。「有機」は動植物を意味している。英語でいえばオーガニック。有機肥料の「有機」だ。かつては、有機化合物は生き物の体内でつくられる物質と考えられていた。その名残で、いまでも、炭素原子を含む物質を有機化合物、つまり生き物の化合物とよぶ。プラスチックも、完全に人工的な物質でありながら、炭素原子がその骨組みをつくっているので、有機化合物の仲間として扱われる。

このように、炭素は、有機化学という特別な研究分野をつくりあげるほど重要な物質で、地球上の物質の流れをみる際にもキーワードとなる。

「有機」と対になる言葉が「無機」。炭素原子を含まない物質が無機化合物だが、炭素原子を含んでいても、ダイヤモンドのように炭素原子だけでできている物質、二酸化炭素や一酸化炭素のような簡単な構造の物質は、慣例的に無機化合物に分類されている。

有機化合物であるアミノ酸の一例として、グルタミン酸を挙げておこう。グルタミン酸はうま味の成分でもあり、母乳にもたくさん含まれている。グルタミン酸の分子は、三つの炭素原子がつながって骨組みをつくり、それらに「カルボキシル基」「アミノ基」という原子の集まりがくっついた構造になっている。

これ以上に細かい化学の説明はもうしないが、お話ししたかったのは、地球をめぐる物質とプラスチックの関係を考えるうえで、「炭素」がキーワードになるということだ。

石油や石炭も天然素材

わたしたちは原油を地中から掘りだし、精製工場でガソリンや灯油、プラスチックの原料となる「ナフサ」などの石油製品をつくる。それが現代の文明を支えている。原油からつくった製品は、自然とは相いれない人工的な異物だと考えがちだが、じつは原油は、紙をつくる原料となる植物の繊維とおなじように天然の素材だ。紙は天然素材からつくられ、プラスチックは天然ではない人工物というほど、話は単純ではない。

地中に埋もれている原油の材料は、微生物などの生き物の死がいだ。地中に埋まった生き物の死がいが、何千万年、何億年という長い月日をへて変質したものだ。それをいま、わたしたちが掘りだして使っている。

石炭にしてもおなじことだ。地球の歴史のなかには「石炭紀」という時代区分がある。いまから3億6000万～3億年ほどまえのことだ。そのころ地上には樹木が生え、大形の昆虫が生息していた。その前後の地層から多くの石炭がみつかっている。それが「石炭紀」とよばれる理由だ。

石炭は、樹木が湿地で倒れて、微生物などによりじゅうぶんに分解されないまま地中に埋もれ、熱などが加わって長い時間をかけてできたものだ。だから、植物の体をつくっていた「炭素」が主成分になっている。

もし、わたしたちが、何千万年、何億年という長い時間をかけて、ほんの少しずつ石炭や石油を使うのであれば、そのあいだに新しい石炭や石油ができるので、地球の資源は減らない。炭素を含んでいる石炭や石油を燃やして二酸化炭素が大気中に出ても、植物の光合成でそれが動植物の体内に取りこまれ、それが新しい石炭や石油になるのだからプラスマイナスゼロだ。大気中に二酸化炭素が増えすぎて地球温暖化がおこることもない。

大気中の二酸化炭素を植物が取りこみ、それを動植物が栄養分にする。そのとき呼吸したり、死がいが分解されたりして、生き物が使った炭素はふたたび二酸化炭素として大気中に放出される。一部は石炭や石油として地中に埋もれていく。地殻変動などでそれらが地表に現れれば、野火などで燃えて二酸化炭素が大気中に出ていくこともあるだろう。それが、地球にもともとそなわっている炭素のリサイクルだ。

にもかかわらず、石炭や石油をわたしたちが大量に掘りだして燃やし、本来なら地中に埋まったままであるはずの炭素を、二酸化炭素として大気中に放出してしまった。これでは、地球の炭素のリサイクルは間に合わない。こうして二酸化炭素は大気中に増え続けていく。これが現在の地球温暖化だ。

わたしたちが地球のリサイクルに割って入り、その自然な流れを狂わせてしまっている。地球が炭素のリサイクルをするために必要な時間のスケールと、わたしたち人間が活動する時間のスケールが、あまりにも違いすぎる。わたしたち人間は、地球の自然な営みからみると、事を急ぎすぎているのだ。

地球はまだプラスチックを扱えていない

プラスチックごみの問題も、これとよく似ている。

プラスチックの原料は、むかしは石炭、いまはおもに石油だ。さきほど述べたように、石炭や石油は、もともと地球上の生き物の体だった。生き物が死ぬと、その体は微生物が分解して土にかえる。体を構成していた炭素や酸素などは、ふたたび自然界に放出されて再利用される。このリサイクルには、生き物の体を分解してくれるバクテリアなどの微生物が必要だ。地球は46億年の歴史のなかで、リサイクルに必要な微生物を手に入れた。

このような微生物は、いてあたりまえなのではない。地中にたくさんの樹木が埋まって石炭ができた石炭紀には、枯れて倒れた樹木を分解する菌類などの微生物が、まだじゅうぶんに進化していなかったといわれている。微生物がいれば分解されてしまうはずだが、それがあまりいなかったためにそのまま地中に埋まり、石炭になった。その当時、枯れた樹木は、なかなか分解されない「やっかいなごみ」だったことになる。現代のプラスチックと似ている。

プラスチックが大量消費されるようになって、せいぜい100年。プラスチックを食べて分解する微生物もいるにはいるが、まだまだ例外的だ。これはたんなる想像にすぎないが、やがてはプラスチックを食べる微生物も、生き物の死がいを分解する微生物のように、地球上の土にも海にもごくありふれた存在になるのかもしれない。だが、それには何千万年、何億年という地球史的な時間がかかるのだろう。

人類が誕生してからまだ700万年。地球史からみると、ほんの一瞬のごく最近のことでしかない。人類が滅びたあとで、その負の遺産であるプラスチックごみを、やっと新たに誕生した微生物がもりもり食べて分解しているなどというのは、笑えないブラックユーモアだ。

プラスチックは、地中から掘りだした天然の素材である原油を原料としているが、その加工の過程で、自然の炭素リサイクルに任せることのできない人工物にしてしまった。地球自身がもっているリサイクルのしくみから、はみ出てしまっている。だから、「焼却」または「リサイクル」という強制的で人工的な手段を使わなければ、プラスチックごみはなくならない。ポイ捨てのような自然に任す方法は無効なのだ。

では、地球本来の炭素のリサイクルからはみだしてしまい、ごみ処理としての「リサイクル」もままならない状態になっているこのプラスチックとは、いったいどういう物質なのか。

2　「ポリ」がキーワード

プラスチックは合成樹脂

プラスチックは合成樹脂とよばれることもある。天然の樹脂に対して人工的に合成された樹脂ということだ。

「樹脂」とは木のあぶらのこと。たとえば「松やに」だ。松の幹や枝から染みだしている松やには茶色っぽく透明で、染みだしたばかりの新しいものは、ねばねばしていて、手につくとなかなか取れずにやっかいだ。これが天然樹脂の一例だ。

野球のピッチャーは、投球の際、滑りどめにこの松やにを使う。あの手のひらサイズの小袋「ロジンバッグ」には、松やにの粉が入っている。「ロジン」とは英語で「松やに」のことだ。球を投げる手でロジンバッグをにぎると、袋の繊維のすきまから松やにの粉が出てきて滑りどめになる。

ヴァイオリンのように楽器の弦を弓の毛でこすって音をだすタイプの弦楽器も、松やにを使う（写真2‐1）。弓には馬のしっぽの毛が張ってあり、そのままではつるつるしていて音が出ない。毛に固形の松やにをすりつけると適度なひっかかりができて、それでこすると弦が振動し、その振動が木でできた楽器全体に広がって特有の音になる。

写真2-1　ヴァイオリンの弓（奥）の毛にぬる松やにの塊。天然樹脂の一例だ

また、松やにはよく燃えるので、古くからたいまつやローソクとして使われてきた。

漆も日本ではなじみ深い天然樹脂だ。ウルシの木に傷をつけてしみ出る樹脂を集めて精製し、木でつくった器に塗って強度を高めたり、割れた陶磁器の接着剤としても使われてきた。

最初に人工的に合成されたプラスチックは、松やになどの天然樹脂に見た目がよく似ていた。それで、天然にはない合成された木のあぶら、つまり合成樹脂とよばれるようになった。

自然界にあるものをそのまま原料にしないで、

石炭からとりだした成分を使って完全に人工的につくった最初のプラスチックは、「フェノール樹脂」だ。ベルギーで生まれた米国の化学者レオ・ベークランドが開発し、その工業化を見込んで1907年に特許を申請した。じつは、それ以前におなじフェノール樹脂をつくった研究者もいたが、工業化はできないと考えていた。現在のプラスチック時代を開く先駆けとなったベークランドは、「プラスチックの父」ともよばれている。

ベークランドがつくったフェノール樹脂は、石炭の成分としてとりだした「フェノール」という分子をホルマリンと反応させて合成する。ベークライトともよばれている。熱に強く電気も通さないため、かつては台所用品や電気部品などにもよく使われていた。現在は、より安価な別のプラスチックが使われるようになった。

現在のプラスチックの多くは、原油を精製した際にできる「ナフサ」という成分を原料にしてつくられている。それぞれの成分は、液体から気体に変化するときの温度が違うので、原油の精製工場では、その差を利用して、バスなどの燃料になる軽油、石油ストーブなどの燃料になる灯油、自動車のガソリンやプラスチックの原料になるナフサなどに分けられていく（図2-1）。

このナフサを熱で分解すると、エチレンやプロピレンなどが得られる。このエチレンや

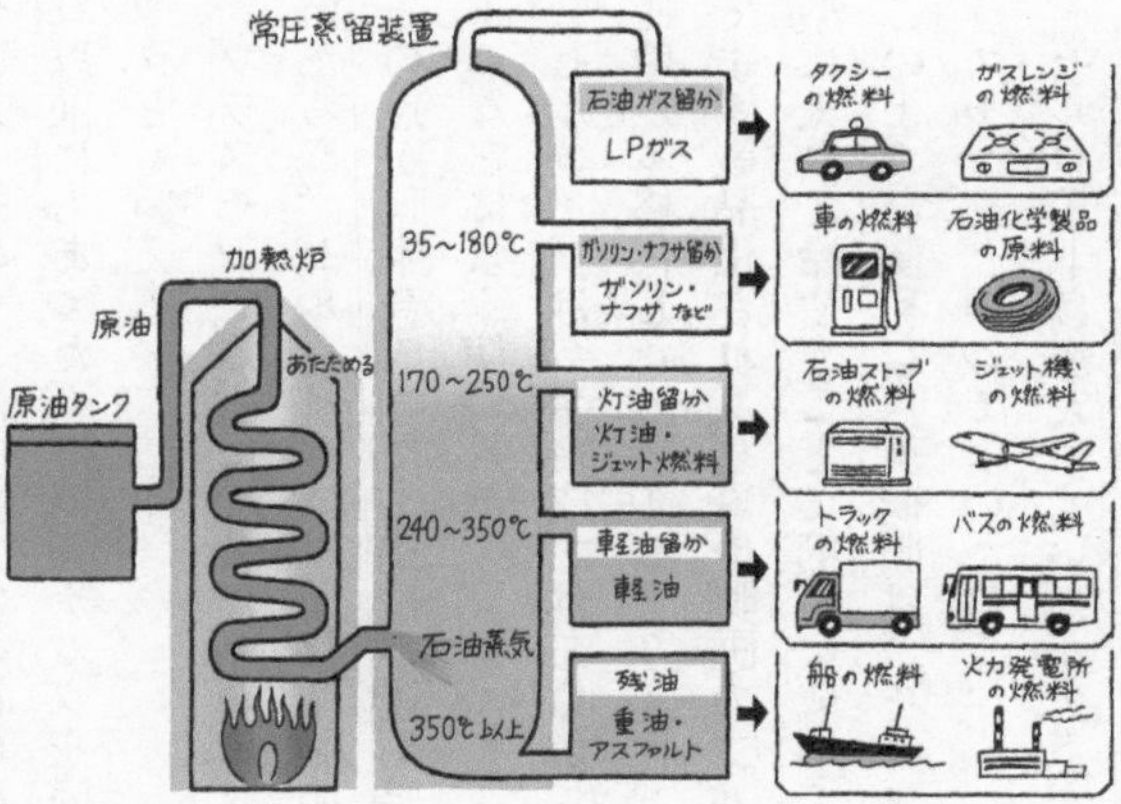

図2-1　原油精製の工程（一般財団法人日本エネルギー経済研究所のホームページ「石油の精製」をもとに作成）

プロピレンなどを材料にしてポリエチレン、ポリプロピレンといったプラスチックをつくる。これらの純粋なプラスチックに、燃えにくくしたり柔軟にしたりする添加剤を加え、さらに色もつけて、大きさ数ミリメートルほどの「レジンペレット」をつくり、それを溶かして、わたしたちが使うプラスチック製品に成形する。

このレジンペレットは、海岸でごみ掃除をするとたくさん落ちている。わたしたちが日常生活で触れることはない工業材料なので、プラスチックの製造過程のどこかで不用意に漏れだして、海を汚すごみになっているわけだ。

さきほどフェノール樹脂の説明で、「完

全に人工的に」と念を押したのには訳がある。天然の材料を利用したプラスチックは、それ以前にもあった。プラスチックを完全な人工物ととらえるなら、これは半合成プラスチックともいえる。

プラスチック以前にできた半合成プラスチックの代表といえば、セルロイドを挙げてよいだろう。セルロイドは、植物細胞の主要な成分であるセルロースを材料にしてできる。その点が「半合成」だ。独特の透明感や美しい発色が特長で、人形や玩具《がんぐ》、メガネのフレームなどによく使われた。

セルロイドは、半合成ではあるが、わたしたちが手にした最初のプラスチックだ。その使用が本格化したのは１８７０年代。象牙《ぞうげ》でつくられていたビリヤードの球の代用品としてまず製品化され、写真や映画のフィルム素材などとして急速に広まった。熱すると溶け、型に入れて冷やすことで簡単に成形できる。これはまさに現代のプラスチックの使い方だ。このような便利な人工樹脂は、それまでになかった。その意味で、セルロイドは最初のプラスチックといってよいだろう。

セルロイドは燃えやすいのが欠点だ。イタリア・シチリアの村を舞台に、映写技師アルフレードと、後に映画監督になる少年トトの交流を描いた名画「ニュー・シネマ・パラダイス」には、映写室で映画のフィルムが燃えだして火災になるシーンがある。20世紀前半の映画フィルムはセルロイドでできていた。それが燃えた。映画フィルムによる火災は、実際に頻発していた。

この燃えやすさのため、セルロイドはやがて他のプラスチックに取って代わられることになるが、その素材としての美しさから、いまでもメガネのフレームや万年筆の軸などに使われている。

天然のゴムをすこし加工したエボナイトも、プラスチックによく似た半合成品だ。天然ゴムに硫黄を加えてつくる。これはセルロイドより歴史が古く、1850年ごろ発明された。主原料が天然ゴムそのものなので、これをプラスチックの仲間とみるかどうかは微妙なところだが、人類最初の合成樹脂とよばれることもある。色は黒檀《こくたん》に似ている。エボナイトという名も、黒檀（エボニー）に由来したものだ。磨くと美しい光沢が出て、電気を通しにくく、変質しにくい。いまでも電気部品や万年筆の軸、楽器などに使われている。

そもそも「プラスチック」とは？

これまでに、ずいぶんプラスチックという言葉を使ってきた。この「プラスチック」というのは、そもそもなにを意味しているのだろうか。

プラスチック(plastic)を手元の英和辞典でひくと、名詞としては「プラスチック」「クレジットカード」、形容詞として「プラスチック製の」「可塑《かそ》性の」「人工的な」などと出ている。この「可塑性の」が、プラスチックという物質の本質に関わりが深い。

可塑性というのは、あるていど以上の力を加えると形が変わり、その変形が一定の限度を超えると、力を取り去っても形がもとに戻らない性質のことだ。

針金に力を加えて曲げると、力を加えることをやめても、やはり曲がったままだ。金属を引っぱり細くのばして針金にしたとき、引っぱるのをやめたからといって、もとの太い金属に戻ることはない。これが可塑性だ。金属には可塑性があるのだ。粘土にも可塑性がある。ガラスは、わたしたちが生活している日常の温度だと、むりに力を加えれば形が変わるのではなく割れてしまう。つまり可塑性がない。だが、熱を加えて800度前後を超えるとガラスは軟らかくなり、形を変えることができる。この状態でグラスや皿などの形をつくり、冷やすとそのままの形で固まる。熱を加えることで可塑性が生まれたのだ。温度を上げると軟らかくなって変形できるようになり、冷やすと固まるというこの性質を「熱可塑性」という。

わたしたちが「プラスチック」というとき、それは熱可塑性をもつ人工的な合成樹脂を指している。たとえばプラスチックの軸でできたボールペンに熱を加えると、軸がぐにゃりと曲がってしまい、あわてて熱から離しても曲がったままで、もう使い物にならない。このように熱を加えると可塑性が現れるプラスチックを「熱可塑性樹脂」「熱可塑性プラスチック」という。

じつは、これとは逆に、原料にいちど熱を加えると固まってしまい、そのあとで冷やしても、あるいはふたたび温度を上げても軟らかくならない合成樹脂もある。このタイプは、熱を加えると硬くなるという意味で「熱硬化性樹脂」「熱硬化性プラスチック」とよばれている。食器に使われるメラミン樹脂がその一例だ。

熱可塑性樹脂は、なんど熱してもそのたびに軟らかくなる「可塑性」を保っているので、まさにプラスチックといえる。さきほどお話ししたように、可塑性をもっていることが、すなわちプラスチックだからだ。一方の熱硬化性樹脂は、いちど熱して硬くしてしまえば、もう冷やそうと温度を上げようと軟らかくならない。つまり「可塑性」を失っている。したがって、よく考えると、可塑性を失った熱硬化性樹脂を「プラスチック」とよぶのは妙な話で、「熱硬化性プラスチック」というのは矛盾した言葉なのだが、わたしたちは習慣として、熱可塑性であろうと熱硬化性であろうと、合成樹脂を指してプラスチックとよんでいる。

プラスチックはなぜ熱可塑性、熱硬化性をもつのか。その準備として、おなじ物質が温度により固体、液体、気体と姿を変えるとき、それはどういう状態になっているのかを説明しておこう。

たとえば水。固体の氷と液体の水、気体の水蒸気を構成しているのは、いずれも水の分子だ。その点では変わりない。違うのは、分子どうしの動きやすさだ。密着度の違いといってもよい。ある分子が動こうとしたとき、それがまわりの分子によってどれくらい邪魔されるかということだ。

固体の氷では、水の分子はぎっしりつまって並んでいて、おたがいに動くことができない。氷に熱を加えて零度になると、解けて液体の水になる。温度が高くなると分子はエネルギーを得て、動こうとする性質が増す。分子どうしの動きやすさは、おたがいが引き合う力と、それぞれの分子が動こうとする性質の兼ね合いできまる。温度が上がって氷から液体になった状態では、エネルギーを得た分子の動こうとする性質がおおきくなってきて、分子がおたがいに身をかわしながら動けるようになっている。さらに熱を加えて気体の水蒸気になると、水の分子のエネルギーはかなり高まっていて、分子どうしがもともっていた引き合う力など、もうほとんど無視してよいほどだ。

このように、固体、液体、気体は、おなじ物質であっても分子どうしの密着度が違い、分子どうしの動きやすさが違う。この「動きやすさ」が、プラスチックの性質と関係している。

「ポリ」がプラスチックのキーワード

プラスチックには、ポリエチレン、ポリプロピレン、ポリスチレンなど、頭に「ポリ」のついている種類が多い。なぜプラスチックは自然界に放置しておくだけでは分解されないのか。バクテリアが分解してくれるという生分解性プラスチックとはなにか。どうして熱可塑性樹脂と熱硬化性樹脂があるのか。こうしたプラスチックに特徴的な事柄を考えるとき、この「ポリ」がキーワードになる。

もっとも構造が簡単なポリエチレンを例にして説明しよう。結論を先取りしていえば、エチレンという物質の分子が鎖のようにたくさんつながってできた分子。それがポリエチレンの分子だ。この「たくさん」という部分が「ポリ」なのだ。南太平洋の島々をポリネシアというが、「ポリ」は「多くの」で「ネソス」が「島」。それで「多くの島」がポリネシア。その「ポリ」だ。

ポリエチレンにおけるエチレンのような最小の単位となる小さな分子、レンガ造りの建物でいえば1個1個のレンガに相当する分子を、化学の言葉で「モノマー」という。それに対し、モノマーが多数つながってできた大きな分子を「ポリマー」または「高分子」という。「ポリ」は、このポリマーの「ポリ」だ。

ポリエチレンは、エチレン分子が鎖のように長くつながってできた分子だ。ポリプロピレンは、プロピレン分子がおなじように長くつながったものだ。こうして長くつながった大きな分子が高分子で、もとになった小さな分子を「低分子」という。

プラスチックは、「高分子化合物」とよばれる化学物質群に含まれる一つのグループだ。たくさんの原子が集まったサイズの大きな分子でできた物質が高分子化合物。動物の体をつくるたんぱく質や、栄養分として重要なでんぷんも、木から樹液として採取した天然ゴムも高分子化合物だ。プラスチックは、わたしたちが低分子を合成して人工的につくった、天然には存在しない高分子化合物といえる。

でんぷんもたんぱく質も、炭素や水素、酸素などのありふれた原子をもとにできていて、それを分解するバクテリアも自然界に存在する。だが、おなじ高分子化合物でも、プラスチックは人工的につくられたもの。でんぷんやたんぱく質などと同様に炭素や水素などでできているとはいえ、その「ポリ」への合成のしかたが人工的だ。たんぱく質をわたしたちのような生き物が利用するとき、それをいきなり使うのではなく、小さな低分子にまず分解する。そのしくみが自然界にそなわっている。ところが、人工的なプラスチックの場合は、自然界の生き物はその低分子化ができない。だから利用できない。あとで詳しく説明したいが、バクテリアが分解してくれる生分解性プラスチックというのは、基本的には、この低分子化の部分を人工的に手助けしてやるプラスチックだ。

熱可塑性樹脂と熱硬化性樹脂

さて、レジ袋にも広く使われているポリエチレンだが、その最小単位になっているのはエチレンだ。エチレン分子は、まずその骨格として2個の炭素原子が結びつき、そのそれぞれの炭素原子に2個ずつの水素原子がくっついた形をしている。そして、このエチレン分子が鎖のように長くつながってポリエチレンの分子になる。ふつうはエチレン分子が1000個以上もつながっている。ポリエチレン製品は、この鎖状のポリエチレン分子が

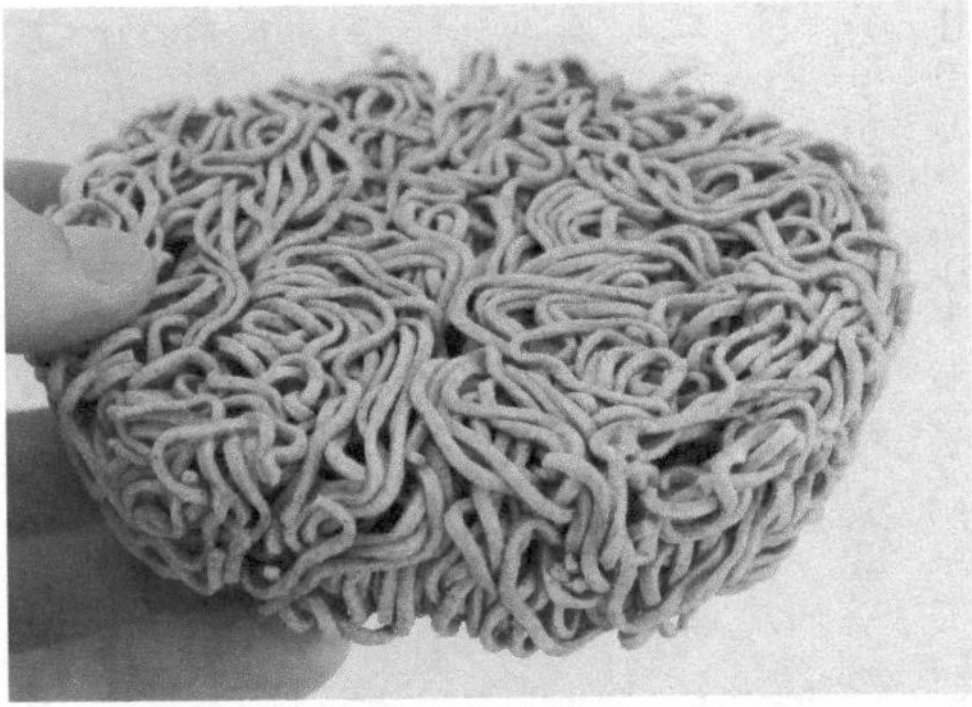

写真2-2　プラスチックはカップめんのようなもの。めんの１本が鎖状のプラスチック分子１本。それがからみあって丈夫なプラスチックになっている

無数にからみあってできている。

小腹が減ったときに便利なカップめんを思いうかべると、イメージしやすいかもしれない。お湯を注ぐまえのめんは、１本１本の長いめんがからみあい、かたくくっついて塊になっている（写真２‐２）。１本のめんがポリエチレンの分子。それが無数にからみあって形をなしている状態が、わたしたちが目にするプラスチック製品だ。一般に、ポリエチレン分子をつくるエチレン分子の数が多いと、丈夫だが、成形するとき溶かして型に流し込みにくくなるので、目的に適したものを選んで使う。

前節でお話ししたが、炭素はさまざまな分子の骨格になる。プラスチックもしかり。プラスチックにはさまざまな種類があるが、骨格は炭素原子がつくっている。その炭素原子の数や骨格の形、炭素原子にくっつく他の原子

の種類を変えることで、用途に応じた多くの種類のプラスチックをつくりだすことができる。これがプラスチックの有用性を生みだす源泉だ。

熱や薬品に強く、建設資材やおもちゃ、文具などに幅広く使われているポリプロピレンも、三つの炭素原子と六つの水素原子からできたプロピレンが、ポリエチレンとおなじく長い鎖のようにつながってできている。

ポリエチレンもポリプロピレンも熱可塑性樹脂だ。いずれも、その分子は長い鎖のような形をしている。ふつうの温度で形を保っているときは、たくさんの鎖状分子がからみあって、外から力を加えても分子がおたがいにずれたり動いたりすることはない。ところが、熱を加えて温度を上げると、分子どうしがずれて動きやすくなる。さきほどの水の例だと、硬くて変形しなかった固体の氷が液体の水に変わり、どんな器にもしたがうようになる。ただし、水とプラスチックでは、じつは状況がすこし違う。プラスチックには、固体と液体のあいだに、ゴム状に軟らかくなる状態がある。液体ではないが、力を加えると変形する。好きな形の型に流し込めるほどどろどろではないが、変形することはできる状態だ。熱でボールペンの軸が曲がってしまうのは、この状態のときだ。

いずれにしても、鎖のような個々の分子は、さらに長くなったり途中で切れてしまったりするのではなく、そのままなので、温度が下がれば硬くなり、また熱を加えれば軟らかくなる。硬軟が変わるだけで、プラスチックとしての性質は変わらない。分子の状態は「ポリ」のままだ。

いまのは熱可塑性樹脂だが、熱硬化性樹脂の場合は、加熱して成形するときに、鎖状の分子をたがいに結びつける処理を行う。熱可塑性樹脂は、最小単位の低分子が鎖状につながっていくだけだが、熱硬化性樹脂の場合は、それと同時に隣の鎖どうしも結びつけてしまう。つまり、立体的な結びつきが生まれる。こうなると、もう温度を上げようと下げようと、鎖状の分子どうしがずれ動くことはないので、熱を加えても軟らかくならない。熱可塑性樹脂と熱硬化性樹脂は、鎖のからみあい方が違うのだ。

プラスチックが「ポリ」でなくなると……

プラスチックに特有の丈夫さは、長い鎖状の分子の形に由来するものだ。長い鎖状の分子がたがいにからみあうから、力を加えたときの壊れにくさ、耐熱性、耐薬品性などのすぐれた性質が生まれる。ポリエチレン、ポリプロピレンなどの「ポリ」のおかげともいえる。もしこの長い鎖が切断されて短くなれば、当然ながら、このプラスチックの長所は失われる。

洗濯物を屋外の洗濯ばさみにつるそうとしたら、洗濯ばさみがぽきりと折れる。プランターを持ち上げるとき、縁がばりっと割れてしまった。長いあいだ使っているうちに、プラスチックが劣化したのだ。

とくに屋外で使うプラスチック製品は、太陽からの紫外線にさらされることが多い。直接あたることもあれば、雲や周辺の建物などから反射してくることもある。この紫外線がプラスチックを劣化させる。

紫外線は、目に見える可視光より強いエネルギーをもっていて、プラスチック分子の鎖から水素を引きはがしてしまう。そこに空気中の酸素が取りこまれ、その結果としておきる化学反応がプラスチック分子の鎖を切断する。この過程が連鎖反応でおきる。

このほか、熱も劣化の原因になる。熱が加えられてプラスチック分子のエネルギーが高い状態になると、空気中の酸素と反応しやすくなる。それにより、やはり分子の長い鎖が切断される。太陽からの光は、紫外線も含まれているし熱源にもなるので、プラスチックにとっては大敵だ。

プラスチックのなかには、水により劣化が進む種類もある。靴底にもよく使われるポリウレタンというプラスチックは、湿気などの水分によって、分子の鎖が切れてしまう。久しぶりにはいた靴の底が、はいたとたんにぼろぼろになってしまうのは、おそらくポリウレタンがこうして劣化したからだ。

このほかにも、分子の鎖に飾りのようにくっついている原子がはぎとられたり、プラスチックを丈夫にするための添加剤が抜けてしまうような劣化もある。

ごみになったプラスチックがやっかいな理由は、この劣化のしかたと深い関係がある。

生き物が外から取り入れた物質を分解するのは、それを利用して生きるためで、おなじ高分子でも、たんぱく質やでんぷんなどは、わたしたちは体の中で徹底的に細かく分解できる。分解に使う「酵素」という物質をもっているからだ。

マイクロプラスチックは、わたしたちの便からも検出されている。口から入ってしまったプラスチックを、わたしたちは分解、消化することができない。プラスチック分子の長い鎖を細かく切断し、利用できるサイズにできないのだ。これは、バクテリアにとってもおなじことだ。

プラスチックが紫外線などで劣化するとき、長い鎖が切断されるとはいっても、それは徹底的に細かい低分子にまで切れ切れになるわけではない。本来の丈夫な性質は失われたとしても、まだまだ鎖は長い。自然界がそのまま分解できるかという観点からすると、それは依然として、分解不能なプラスチックのままなのだ。

3　生分解性プラスチックは救世主なのか？

消えてなくなるプラスチックがある

使い終わってごみになったプラスチックは、自然のなかに放置すればいつまでもプラスチックのまま。だから、海に流れ込むと環境を汚し続ける。プラスチックは永遠のごみ――。だが、じつは例外がある。微生物が水と二酸化炭素に分解してくれるプラスチックだ。それを「生分解性プラスチック」という。

それならば、すべてのプラスチックを生分解性プラスチックに替えていけばよいではないか。海や川を汚すプラスチックごみの問題は、それで解決できるのではないか。そう思いたくもなるが、話はそう簡単ではない。ここでは生分解性プラスチックとはどういうものなのかをお話しし、その利点と欠点を考えていこう。

教科書のように一般論から入ってもわかりにくいので、ここでは「ポリ乳酸」という生分解性プラスチックで具体的に説明しよう。

ポリ乳酸は、「乳酸」の頭に「ポリ」がついていることからわかるように、乳酸という低分子が鎖のようにいくつもつながって高分子になったプラスチックだ。スーパーなどでみる卵のパック、バナナやピーマンなどが入っている透明な袋、あるいはパソコンやプリンターなどの部材としても使われている。使うぶんには、ふつうのプラスチックだ。

このポリ乳酸は、土とまぜておくと、1週間ほどするとぼろぼろになって分解され、やがてなくなる。土の中にいた微生物がプラスチックを分解し、水と二酸化炭素になったのだ。

このように、製品として使用しているときはふつうのプラスチックなのに、使用後は、バクテリアなどの微生物の力を借りて最終的には水と二酸化炭素にまで分解されるものを「生分解性プラスチック」という。「生分解性」の「生」は生き物を指す。

ただし、生分解性プラスチックのポリ乳酸がこのように分解されるには、いくつかの条件がある。まず、60度以上の高温であること。そしてまわりに水分と酸素があること。ちょうどこれらの条件を満たす環境がある。それは、生ごみなどを焼却処分せずに土とまぜ、庭で肥料の「コンポスト」にする容器の中だ。

コンポストとは「堆肥《たいひ》」のことだ。枯れ葉や生ごみなどの有機物、つまり、もとは生き物の体だったものを土にまぜておくと、菌やバクテリアなどの微生物のはたらきで分解されて肥料になる。それがコンポストだ。コンポストを庭でつくるためのコンポスターという道具がホームセンターなどで売られている。いくつかのタイプがあるが、たとえば、底の抜けた大きなごみ箱のような形のコンポスターを土の上に置き、その中に生ごみを入れて土をかけておくとコンポストができる。

微生物が生ごみなどを分解するときには熱が出る。冬の牧場で家畜のふんを積みあげておくと、そこから湯気が立ち上っているのが見えることがある。これは、ふんを分解する微生物がだす熱で水分が蒸発して水蒸気になり、それが冷えて湯気になったものだ。

コンポストをつくるのは微生物だから、微生物が分解できないものを入れてしまうと、あとで取り除かなければならない。だから、ポリエチレンでできたレジ袋は入れてはいけない。だが、ポリ乳酸でつくった袋を使えば、中に生ごみを入れたままコンポスターに入れても、袋ごと分解されるので便利だ。コンポストづくりのときは、微生物のはたらきで中が高温になるので、ポリ乳酸が分解される条件がそろうのだ。

乳酸といえば、わたしたち生き物にとってはおなじみの物質だ。わたしたちの身の回りには、乳酸をつくってくれる「乳酸菌」もいる。炭水化物を分解して乳酸をつくる微生物を総称して乳酸菌という。ヨーグルトやチーズ、漬物、日本酒などさまざまな加工食品に含まれている。筋肉を動かせば、そのエネルギーをつくる副産物として乳酸が発生する。わたしたちの体には、この乳酸をふたたびエネルギー源として使うしくみがある。

このように、乳酸は、生き物が合成したり分解したりできる物質だ。だが、これが長くつながったポリ乳酸は、そのままでは生き物は利用できない。細かく切断して乳酸にかぎりなく近づけることが必要だ。ポリ乳酸は水に溶けないが、乳酸は溶ける。水に溶けて生き物が利用しやすくなる。生き物がえさとして利用し、二酸化炭素と水になる。

わたしたちが食べ物を消化して栄養にするときも、その栄養物質をそのまま利用するのではない。栄養物質の大きな分子を、小さな分子に分割して利用する。こうした分割などの化学反応を進める体内の物質を「酵素」という。

たとえば、米などに含まれるでんぷん。でんぷんは、「ブドウ糖」という小さな分子がつながりあってできている高分子だ。そのつながり方によって、片栗粉やコーンスターチなどさまざまな種類がある。

わたしたちがでんぷんを食べると、まず唾液《だえき》に含まれているアミラーゼという酵素が、でんぷん分子のところどころを切断する。さらにすい臓、小腸の酵素でもいっそう細かく切断され、最終的にはブドウ糖になって小腸から吸収される。でんぷんのまま吸収するのではない。吸収されたブドウ糖は消化されて水と二酸化炭素になる。わたしたちがでんぷんを栄養源として利用できるのは、その大きな分子を細かく切断できること、切断した小さな分子を吸収して消化できることの2段階をクリアできるからだ。

生分解性プラスチックであるポリ乳酸の分解も、このでんぷんの消化をイメージするとわかりやすい。やはり2段階なのだ。第一の段階が、高分子であるプラスチックを細かく切断して低分子にすること。それに続く第二の段階が、その低分子を微生物が食べてくれること。「食べる」というのは、わたしたちの場合もそうだが、具体的にいえば、エネルギーを得るために酵素で分解するということだ。分解されて水と二酸化炭素になる。プラスチックが消滅するのだ。

ポリ乳酸が生分解されるときに必要な「60度」は、この第一段階をクリアするために必要な温度だ。ポリ乳酸をつくるには、まず、たとえば飼料用とうもろこしなどのでんぷんを乳酸菌に食べさせて乳酸をつくる。それを工業的につなぎあわせてポリ乳酸をつくる。このとき、乳酸分子どうしのつなぎめから、水の分子が脱落する。逆に、このつなぎめに水の分子を化合させると、そのつなぎめは切れる。この分解のしかたを「加水分解」という。ポリ乳酸の場合は、加水分解に必要な温度が60度なのだ。

このほか、生分解性プラスチックのなかには、水分子による加水分解ではなくて、紫外線などのエネルギーと酸素分子による酸化型の分解で鎖を切るタイプもある。

生分解性プラスチックは魔法のプラスチックではない

このように、生分解性プラスチックといえども、それが分解されるにはさまざまな条件を満たさなければならない。分解の主役は微生物だから、その微生物が活発にはたらける環境かどうかが問題なのだ。生分解性プラスチックは、そのへんにポイ捨てしても消えてなくなる魔法のプラスチックではない。

土の中で分解されるもの、川や海の水中でも分解されるもの、コンポストづくりのように特殊な条件でだけ分解されるもの。生分解性プラスチックには、いろいろなタイプがある。さきほどのポリ乳酸が分解されるのはコンポストづくり。ポリブチレンサクシネートという生分解性プラスチックは、コンポストづくりや土の中では分解されるが、水中では分解されない。海に流れ出てしまえば、ふつうのプラスチックごみだ。

土の中とひとくちにいっても、浅いところの土は酸素をたくさん含んでいるが、深くなると酸欠状態になっている。酸素を利用する生き物を好気性の生物、増殖に酸素が不要な生き物を嫌気性の生物という。生存に適した環境がまったく違うのだ。土に埋めるといっても、そこは酸素が豊富なのか欠乏しているのか。もちろん、微生物が活発にはたらくのに適した温度も大切だ。生分解性プラスチックでできた農業用のシートも、乾燥して気温が低い冬場は、土にすきこんでもほとんど分解されない場合もある。

生分解性プラスチックに詳しい東京大学大学院農学生命科学研究科の岩田《いわた》忠久《ただひさ》教授も、「生分解性プラスチックは、いつでもどこでも分解されるのではない。種類ごとに分解される環境がきまっている。その点が世間に誤解されているようだ」という。

プラスチックが「生分解性」を名乗るには、日本産業規格などで定められた方法で試験をし、きまった量が分解してなくならなければならない。いちど「生分解性」だと認められて生分解性プラスチックを名乗るようになると、それがどんな種類であっても、やがて土にかえる環境に優しいプラスチックであるような気がしてしまう。そのイメージを売り物にする商品もあるようだ。

生分解性プラスチックが商品として成立するには、使っているあいだは劣化しないことが大切だ。そのへんにいるバクテリアなどですぐに劣化し、割れたり色あせたりしたのでは使い物にならない。つまり、生分解性プラスチックといえども、実際にはそう簡単には分解されない。温かい土の中とかコンポストづくりとか、そうした特殊な条件が満たされてはじめて分解される。

生分解性プラスチックは1980年代からさかんに研究と開発が進められてきたが、まだ、一般のプラスチックほど思いどおりの性質をつくりだせているわけではない。しかも価格が高い。だから、プラスチックをどんどん生分解性に替えていこうというのは、いまの段階では非現実的だ。プラスチックの使用量を減らし、リサイクルできるものはきちんとそのルートに乗せたうえで、どうしても環境中に漏れ出してしまうものにのみ生分解性プラスチックを使う。岩田さんは「生分解性プラスチックに代替できるのは、プラスチック全体の1～2割といったところではないか」という。

将来的な可能性として岩田さんが挙げる使い方のひとつが、海での利用だ。海で使う漁網やカニをとるためのかごなどは、海が荒れたときなどに、どうしてもロープが切れて海のごみになってしまう。生分解性プラスチックは、それを食べる微生物がたくさんいると、どんどん分解される。海には土にくらべて微生物が少ないので、なかなか分解が進まない。そこを逆手に取る。使っているときは丈夫なふつうのプラスチックとして使え、流失してしまった場合には、ゆっくりではあるがやがて分解していく。かりに1年で10％しか分解しなくても、20年たてば9割が消滅することになる。

一方、生分解性プラスチックについては、困った問題も指摘されている。生分解性プラスチックの特長は、条件さえ合えば、プラスチック分子の長い鎖が切れて小さな分子になることだ。これは、紫外線や熱でプラスチックが劣化し、プラスチック製の洗濯ばさみがぽきりと折れるようになるしくみとおなじだ。洗濯ばさみが砕けて小さくなれば、マイクロプラスチックになる。生分解性プラスチックも、小さくて処理がやっかいなマイクロプラスチックを量産することになる可能性がある。

また、生分解性プラスチックといっても、性能を高めるためにさまざまな種類のプラスチックと混合することもあり、すべてがいっきに水と二酸化炭素にまで分解されるとはかぎらない。そもそも、現実には、分解する途中で砕けて断片となりマイクロプラスチック化する。

生分解性プラスチックも、マイクロプラスチック状態のときに、たとえば生き物に対して悪影響を及ぼすかもしれない。やがては消滅するとしても、マイクロプラスチックを積極的に増やすことになりかねない生分解性プラスチックは、やはり安易に使うべきではないという議論も、当然ありうるだろう。

　生分解性プラスチックは、分解されると最終的には水と二酸化炭素になる。この点はプラスチックの焼却処分とおなじことだ。プラスチックを燃やしても、出てくるのは水と二酸化炭素だ。

　いま国内で出るプラスチックごみの7割は焼却処分されている。そのとき二酸化炭素が出る。これに対しては、地球温暖化の進行をできるだけ防ぐ観点から好ましくないという指摘がある。その意味では、生分解性プラスチックの使用量はまだ少ないものの、焼却処分と同様に、生分解性プラスチックの使用もまた好ましくないことになる。

　また、生分解性プラスチックは、リサイクルを前提にしていない。使用後に分解されるのだから。もし生分解性プラスチックの利用率が高まれば、そのぶんリサイクルに回るプラスチックは減ることになる。それをきちんと生分解できる仕方で使うのか、注意してもどうしても環境中に漏れ出てしまうプラスチックごみなのか。そういう点まで考えて使わなければ、リサイクル不能なたちの悪いプラスチックごみをただ増やすだけになる。

　ポイ捨てを助長するという意見もあるが、これは市民のモラルの問題だろう。

　さきほどの岩田さんも指摘するように、個々の生分解性プラスチックの長所と短所をよく考え、そのうえで有効な部分に現在のプラスチックの代替品として使っていくべきなのだろう。「なんとなく環境によさそうだから」というイメージのみが先走れば、本末転倒になる恐れがある。

バイオプラスチック？　バイオマスプラスチック？

生分解性プラスチックに関連して、「バイオプラスチック」「バイオマスプラスチック」という言葉をよく聞く。これも生分解性プラスチックの意味合いをわかりにくくしている一因のように思う。とかく「環境にやさしい」というプラスイメージを与えがちな「バイオ」という言葉が、いろいろな意味で使われている。

前項で紹介した生分解性プラスチックとバイオマスプラスチックをあわせてバイオプラスチックという。ここでいう「バイオ」とは、生き物に関係しているという意味だ。だが、生分解性プラスチックとバイオマスプラスチックとでは、「バイオ」の意味が違う（図2-2）。

生分解性プラスチックにとっての「バイオ」は、プラスチックが分解される過程の話だ。さきほどポリ乳酸を例にして説明したように、分解の主役が微生物であることを指してい

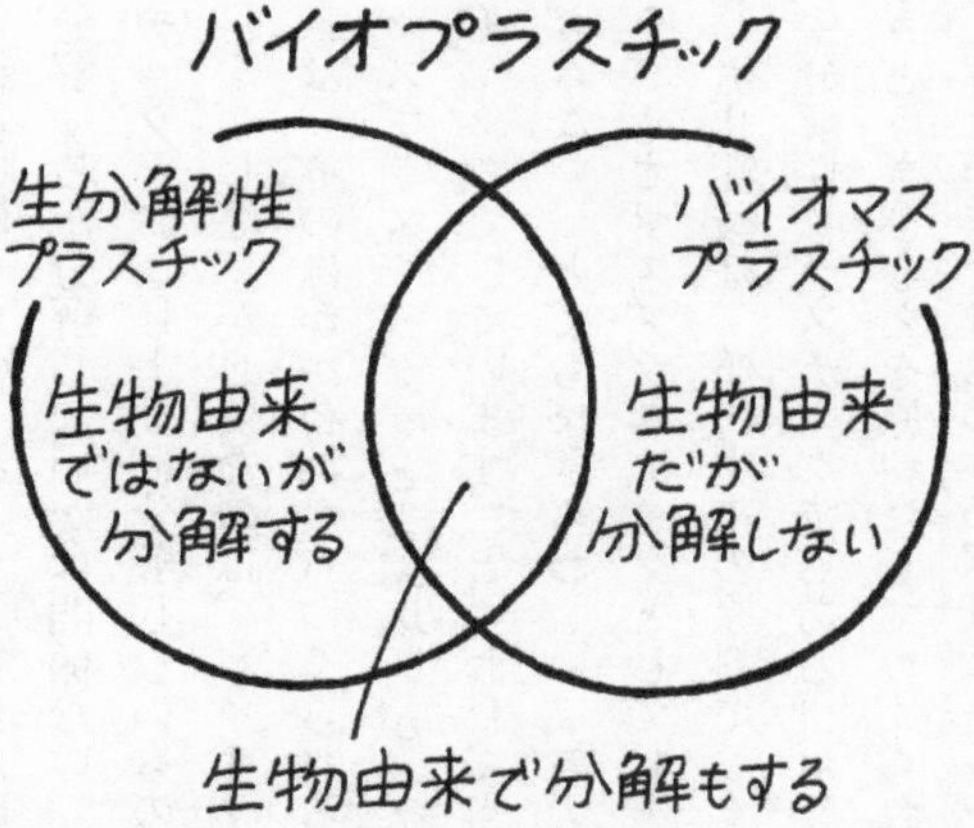

図2-2　バイオマスプラスチックと生分解性プラスチックは別物だ。それらをまとめてバイオプラスチックという

る。プラスチックを分解して最終的に水と二酸化炭素にするのは微生物だし、その前段階で、プラスチック分子の長い鎖を切れ切れに短くする際に微生物がだす酵素が使われる場合もある。あくまでも、分解の過程が「バイオ」なのであって、そのプラスチックがなにでつくられているかには関係ない。ポリ乳酸のように生物由来の原料でつくられるものもあるし、ふつうのプラスチックとおなじ石油由来の生分解性プラスチックもある。

一方、バイオマスプラスチックの「バイオ」は、分解ではなく生産の過程を示している。そのプラスチックの原料が生物由来だという意味だ。「バイオマス」は「生物資源」のこと。ポリ乳酸の原料にはとうもろこしなどを使うし、微生物の体内でつくられる物質を使うものもある。こちらは原料が「バイオ」なのであって、ごみとなったときに分解するか分解しないかは関係ない。分解するものもあるし、石油由来のふつうのプラスチックとおなじように分解しないものもある。

すこし注意が必要なのは、バイオマスプラスチックが重さにして25％以上まぜられていれば、そのほかが石油からつくられるふつうのプラスチックであっても、それを「バイオマスプラスチック」とよぶ場合があることだ。つまり、「このコップはバイオマスプラスチックでできています」といわれても、それが100％のバイオマスプラスチックとはかぎらない。とてもまぎらわしい。この本では、生物由来の原料のみを使ったプラスチックをバイオマスプラスチックとして話を進める。

ポリ乳酸は、植物由来の原料でつくられるので、バイオマスプラスチックであり、かつ生分解性プラスチックでもある。ポリ袋や容器として使われているバイオポリエチレンは、さとうきびなどを原料にしてつくられる。したがってバイオマスプラスチックではあるが、分解についてはふつうのポリエチレンとおなじで、生分解性はない。石油からできる生分解性プラスチックもある。これはすべて「バイオプラスチック」だ。バイオプラスチックだからといって、生き物の体のように死んで土にかえるとはかぎらないし、かならず生物由来の原料でできているわけでもない。

自然界の植物や動物はやがて土にかえるのだから、生物由来の原料を使ったプラスチックは、それとおなじように分解されて土にかえる――。この誤解は、おそらく自然のものは環境によいという思い込みとも関係があるのだろう。ラドン温泉で浴びる放射線は天然だから体によく、おなじ放射線でも原子力発電所の放射線は人工だから体に悪いといった誤解と根はおなじなのかもしれない。「バイオ」はプラスチックごみの問題を解決に導く魔法の言葉ではない。

「バイオプラスチックは地球にやさしい」という言い方を聞くことがある。この表現は微妙だ。間違っているわけではないが、誤解を生むのではないだろうか。

さきほど説明したように、バイオプラスチックのなかには、生分解性プラスチックではないものも含まれている。ごみとなったとき、ふつうのプラスチックとおなじように、海を、地球を汚し続ける。また、生分解性プラスチックのなかには、石油から合成されるものもある。枯渇が心配されている石油を使っている点で、原料の観点からみた場合は地球にやさしいとはかならずしもいえない。

バイオプラスチックが地球にやさしいとすれば、それは生分解性プラスチックが「ごみ」の観点からは地球にやさしく、そしてバイオマスプラスチックが、これから説明するように、「原料」の観点から地球にやさしいということだ。

植物は、太陽光のエネルギーを使って、水と大気中の二酸化炭素からでんぷんなどの炭水化物をつくる。これが光合成だ。でんぷんがもつエネルギーは、水と二酸化炭素がもつエネルギーより、太陽光のエネルギーのぶんだけ多い。わたしたちはでんぷんを食べて消化し、水と二酸化炭素を排出する。その際、でんぷんに蓄えられていた太陽光のエネルギーを取りだし、生きるために使うわけだ。

地球に対するバイオマスプラスチックのやさしさは、この二酸化炭素と関係がある。プラスチックは、燃やすと二酸化炭素が出る。いま日本では、プラスチックごみの7割が焼却処分されていることを思い出してほしい。二酸化炭素は地球温暖化を進める。いま世界の国々は、2015年に結ばれた国際的な「パリ協定」に沿って、地球温暖化の進行ペースをできるだけ抑えようとしている。だから、二酸化炭素はできるだけださないようにしたい。

プラスチックを使えば、それはやがてかならずごみになり、現実には焼却処分によって二酸化炭素をだす。かといって、これだけ便利なプラスチックの使用量を、いま急に減らすことにも無理がある。それならば……という考え方でいま広がりつつあるのがバイオマスプラスチックなのだ。

植物は、いま説明したように、光合成で大気中の二酸化炭素を吸収して体内に栄養分などとして貯蔵する。植物を原料にしてプラスチックをつくれば、たしかに焼却したとき二酸化炭素は出るが、それはもともと大気中にあったものだ。したがって、二酸化炭素を新たに大気中に増やすことにはならない。プラスマイナスでゼロになる。焼却すると一方的に二酸化炭素を出す石油由来のプラスチックとは、この点が違う。

よく考えると、「二酸化炭素の一時的な貯蔵庫」というこの見方は、地中に埋まった石炭や石油にもあてはまる。石炭は、もともと地上の樹木だった。石油は微生物などの死がいが地中に埋もれて変質したものだ。それが地中に埋もれ、地上の植物とおなじように、やはり大気中の二酸化炭素を姿を変えて蓄えているわけだ。だから、燃やすと二酸化炭素が出る。おなじ蓄えを使っても、石油を使ってプラスチックをつくる場合は、バイオマスプラスチックとはいわない。

石炭や石油が地上の植物と違うのは、生成や消滅に要する時間のスケールだ。

地上の植物が生きている時間は、1年とか数年、せいぜい数十年、数百年くらいのものだ。それくらいの短時間に二酸化炭素を吸収して体内に貯蔵してくれるので、わたしたちがだす二酸化炭素の吸収源として期待できる。即効性があるのだ。

それに対して、石炭や石油ができるのには何千万年、何億年という時間がかかる。地上の植物とおなじく、わたしたちが余計に出してしまった二酸化炭素を石炭や石油として地中に貯蔵することも、理屈のうえではできる。しかし、それには、何千万年もの時間が必要だ。わたしたちが石炭や石油を大量に使うようになったのは、石炭や石油ができる時間スケールからみると、ほんの一瞬にすぎない。だから、地球の自然な物質循環の流れのなかで、石炭や石油にわたしたちが出す二酸化炭素を貯蔵してもらうことは、現実には不可能だ。

地上の植物も、そして石炭も石油も地球本来の自然物で、いずれも「地球にやさしい」はずのものだ。それなのに、わたしたちがあまりにも性急に文明を発達させてしまったため、石油を原料にプラスチックをつくったり、燃やして熱源にすることなどが、地球にやさしくなってしまった。地球にやさしいかどうかは、そのもの本来がもっている性質ではなく、わたしたちの生活スタイルがこちらの都合で決めているともいえる。

石炭も石油も生物由来の「バイオ」なのだが、ふつうこれらをバイオマスとはいわない。したがって、石油を原料としてつくるプラスチックも、バイオマスプラスチックとはいわない。短時間で二酸化炭素を吸収してくれる植物に由来するものだけを「バイオマスプラスチック」として珍重すること自体が、わたしたちが地球本来の環境に大きな負荷をかけて生活していることを物語っている。そのことも心に留めておきたい。

第三章

マイクロプラスチックを生き物が食べる

1　断片化するプラスチック

わたしたちはプラスチックを食べている

海のプラスチックごみの問題は、いまに始まったことではない。海鳥が小さなプラスチックを飲みこんでいることは、すでに１９６０年代に報告されている。第一章でも紹介した米国の環境保護団体「オーシャン・コンサーバンシー」が世界の海岸でごみを拾う活動「国際海岸クリーンアップ」を始めたのは１９８６年。日本は１９９０年から参加し、そのとき、海ごみの調査や海岸のごみ拾い活動をいまも続ける環境ＮＧＯ「ＪＥＡＮ」が生まれた。バブル景気にうかれていた日本でも、海のプラスチックごみに対する危機意識をもった市民が、すでに活動を始めていたのだ。

最近になってこの問題に対する世界の関心が急速に高まった理由のひとつに、「マイクロプラスチック」の研究が進んできたことを挙げてよいだろう。

もちろん、このほかにも、背景にはさまざまな事情がある。天然資源を使う原子力発電や火力発電から枯渇しない太陽光や風力に向かう世界的なエネルギー転換の流れ、そうした環境配慮の風潮のなかで早めに脱プラスチックへかじを切ることに勝算ありとみるビジネス界、そしてなにより中国がプラスチックごみの輸入を2018年から停止したこと。

だが、マイクロプラスチックは、海岸の美観、ごみ処理方法といったふつうのプラスチック問題とは様相が違う。生理的な気持ち悪さとでもいおうか。マイクロプラスチックを魚などがえさと間違えて食べ、食物連鎖をとおしてさまざまな動物の体内に入っているのだ。つまり、プラスチックごみが、まわりまわってわたしたち人間を含む生き物の体内に取りこまれている。知らないうちにわたしたちはプラスチックごみを食べている。その事実がはっきりしてきた。なんらかの悪影響が海や陸の生き物たちに、そしてわたしたちに及ぶのだろうか。その切迫感が、海洋プラスチックごみへの市民の関心を後押ししているようにみえる。

小さなプラスチックごみが海岸にたくさん落ちていることは、JEANの活動などでも以前から指摘されていたが、マイクロプラスチックという言葉が研究の世界に登場したのは2004年とされている。英プリマス大学などの研究者が04年、米国の科学論文誌「サイエンス」に「海で行方不明になるプラスチック」という趣旨の短い論文を発表した。英国南部のプリマスをはじめ国内の18海岸で調査して、マイクロプラスチックが、砂浜の海岸近くより、やや沖の海水中に多いことなどを指摘している。この論文でマイクロプラスチックという言葉が使われ、それを機に、断片化した海のプラスチックごみをそうよぶようになったと、14年に発行された「サイエンス」の論文「海のマイクロプラスチック」で解説されている。

プリマスの論文では、大きさが0・02ミリメートル前後のプラスチックをマイクロプラスチックとしている。0・02ミリメートルは、すなわち20マイクロメートル。まさに「マイクロ」の単位で表されるサイズのプラスチックだ。その後、マイクロプラスチックに関する初めての国際ワークショップを米海洋大気局が2008年にワシントンで開き、その際に、5ミリメートルより小さいプラスチックをマイクロプラスチックとして研究を進めていく案が検討された。

むかしは「微細片」などとよばれていたプラスチックごみにマイクロプラスチックという名が与えられ、その大きさの上限を5ミリメートルとすることにも、世界中の研究者がおおよそ合意した。そしていま、海への広がり具合や生体への影響などについて、活発に研究が進められている。

この章では、そのマイクロプラスチックについて詳しくお話ししていこう。

大きさ5ミリメートル以下がマイクロプラスチック

マイクロプラスチックとは、大きさが5ミリメートル以下の小さなプラスチックごみ。そのように説明されることが多い。「直径」が5ミリメートル以下ということもあるが、マイクロプラスチックは球形とはかぎらないので、ここでいう直径は、「球の直径」ではなく、たんに「大きさ」という意味で使われている。

また、細かい話ではあるが、5ミリメートル「より」小さいと書かれたものもある。英語でよく「smaller than」「less than」と書かれるのが、まさにこれである。英語の論文では、ふつうこの書き方をしている。数学的には「以下」といえば5ミリメートルを含み、「…より小さい」「未満」といえば5ミリメートルを含まないことになるが、現実の世界では、厳密に5ミリメートルぴったりという物体は存在しない。細かく計測すれば、5・001ミリメートル、4・999ミリメートルというように、かならず端数がでる。形もさまざまだ。「5ミリメートル以下」といおうと「5ミリメートルより小さい」といおうと、現実にはおなじことだ。日本語では、「未満」というとその数値を含まないことが強調されてしまうので、そのあたりを日常用語としてややあいまいに表現できる「以下」のほうがなじむのだろう。

マイクロプラスチックの形はさまざまだ。小石や砂粒のような形をした「かけら状」のもの。これは大きなプラスチックが小さく砕けたり、もともと小さなプラスチックとして製造されたりしたものだ。溶かしてプラスチック製品の原料にする「レジンペレット」というプラスチックの粒が、海岸などでよくみつかる。これも代表的なマイクロプラスチックだ。

繊維状のマイクロプラスチックもある。衣服の素材として使われる「ポリエステル」はプラスチックだというお話を、これまでにもところどころでしてきた。ポリエステルというのは、ポリエチレンやポリプロピレンのような物質名ではない。詳しい化学的な説明は省くが、ある特定の2種類の分子が結びつき、このとき結び目から水分子が脱落してできる物質がポリエステルだ。その代表的な例が、ペットボトルの原料になるポリエチレンテレフタレートというプラスチックだ。テレフタル酸とエチレングリコールが結びついてできる。ポリエステルは、こうしてできるプラスチックの総称だ。ふだんの生活では衣服の繊維の素材としてしか耳にしないが、本来は繊維とはかぎらない。

ポリエステルなどの合成繊維でできた服を洗濯すると、たくさんの繊維状マイクロプラスチックが発生する。英プリマス大学の研究者が、プリマスの街の目抜き通りにある小売店で合成繊維のジャンパーを購入し、実際に洗濯機で洗った結果をまとめた2016年の論文がある。使ったジャンパーの素材は、ポリエステル65％と綿35％の混紡、ポリエステル100％、アクリル100％の3種類。その結果、どのジャンパーからも、太さ100分の1ミリメートルくらい、長さが5～8ミリメートルくらいの繊維が発生していた。ジャンパー6キログラムあたり混紡の場合が14万本、ポリエステルが50万本、アクリルだと73万本もの微小な繊維片が、1回の洗濯で発生していたのだ。

これが下水とともに流れていく。たとえそれが処理場に届いたとしても、こんなに小さな浮遊物だと除去できない可能性がある。たとえ取り除けたとしても、処分のしかたによっては、また環境中に舞い出るかもしれない。

この繊維状マイクロプラスチックは、日本近海よりも欧米の海に多いという指摘もある。欧米では洗濯後に乾燥機を使うことが多く、そこでまた繊維が大量に出てきているのではないかと考えられている。

こうして考えてみると、わたしたちの生活は、すでに繊維状のマイクロプラスチックに囲まれているに違いない。太陽の光が窓から差し込むと、室内にたくさんのほこりが浮いているのが見える。わたしたちは合成繊維の服を着ているし、合成繊維でできたじゅうたんやカーテンも多い。いずれも繊維状マイクロプラスチックの発生源だ。室内を漂うほこりの中にマイクロプラスチックがたくさん含まれていると考えるのは、当然といえば当然なのだ。

つぎに、繊維状ではなく、かけら状のマイクロプラスチックのできかたに話を進めよう。マイクロプラスチックといえば、むしろ、大きなプラスチックごみが砕けて小さくなることのかけら状のほうが先に頭に浮かぶだろう。

かけら状のマイクロプラスチックは、ごく身近な存在だ。我が家のベランダにもたくさんある。折れてしまった洗濯ばさみや、いまとなっては出所のわからない小さなかけら。指でつぶすと簡単にさらに小さく砕け、このとき、よく見ると、粉のような小さなプラスチックも同時に発生している。自動車のタイヤを保管するためにかけていたカバーも、もろくちぎれやすくなっている。日のあたる場所で使うプラスチックは、劣化しやすい。

海に浮いたり浜に打ち上げられたりしているプラスチックごみには、太陽光の紫外線があたる。それでもろくなって、波にもまれたり、砂浜で砂にこすられたりして砕けていくと考えられている。陸でできたマイクロプラスチックが海に流れ込むだけでなく、海にもまた、マイクロプラスチックをつくるしくみがあるのだ。実際にどのようにしてできるのかは、まだよくわかっていない。しかし、たしかに海で生みだされていると考えざるをえない傍証はある。

九州大学応用力学研究所の磯辺《いそべ》篤彦《あつひこ》教授は、日本近海のプラスチックごみを船で調査した結果を2015年に発表した。それによると、集めた漂流ごみの個数にしめるマイクロプラスチックの割合は、日本海の南部にくらべて北部で大きくなっていた。南部海域やその南の東シナ海では60〜80%くらいの割合だったマイクロプラスチックが、北の東北沖になると90%以上に増えていたのだ。

この結果をもとに、磯辺さんはつぎのように考えている。日本海には、南から北へ日本列島に沿うように対馬海流が流れている。プラスチックごみは、この海流に乗って南から北へ移動していくうちに、断片化してマイクロプラスチックになっていったのだろう。対馬海流の平均的な流速は秒速数十センチメートルくらいだ。この流速をもとにすると、流れは2〜3か月で日本海を縦断して津軽海峡などから出ていってしまうことになる。だが、自然環境のなかでプラスチックが劣化し、断片化するには半年かかるという論文が、過去に発表されている。そうだとすれば、対馬海流が日本海を流れきる2〜3か月という短期間で、この海流に乗ったプラスチックの断片化がこんなに進むのは不自然だ。もっと時間がかかるはずだ。きっと浜に滞留してそこでマイクロプラスチック化し、また海に戻ってきているのだろう。

その前年、14年に発表した論文では、四国西部の沖合で調査した結果、大きなプラスチックごみは岸近くに多く、岸から離れるとマイクロプラスチックが優勢になることを指摘している。これに理論的な計算の結果も加えて、漂流しているプラスチックごみが岸でマイクロプラスチック化するしくみを、磯辺さんはつぎのように推定している。

代表的なプラスチックであるポリエチレンやポリプロピレンは水より軽いので、海面に浮いている。海面には岸に向かう波があり、漂流しているプラスチックごみを波が岸に運んでくる。岸に打ち上げられ、マイクロプラスチック化する（図3-1）。

マイクロ化したプラスチックも、その成分は大きなごみだったもとのプラスチックと変わらないので水より軽いはずだが、海には大小さまざまな渦もある。小さな物体は、たとえ軽くても、そうした水の動きに巻きこまれやすい。大きな物体のように、その浮力が有効にはたらかないのだ。したがって、小さくなったプラスチックの断片は、海中にも分布

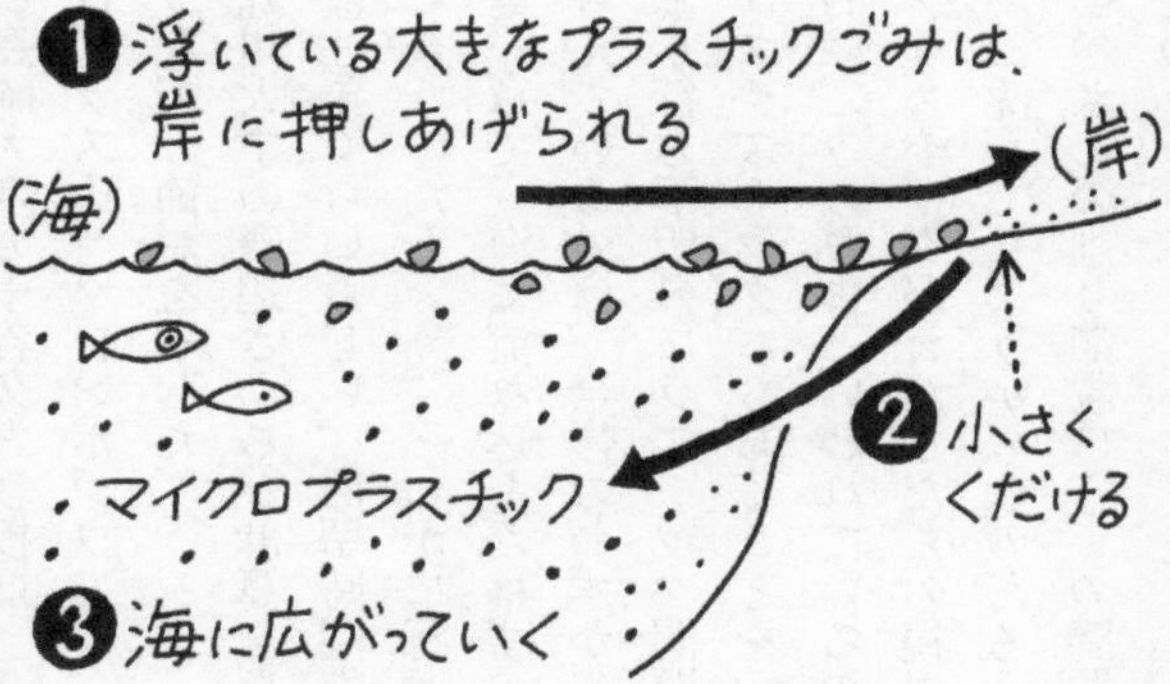

❶浮いている大きなプラスチックごみは、
岸に押しあげられる
(岸)
(海)
❷小さく
くだける
マイクロプラスチック
❸海に広がっていく

図3-1　磯辺篤彦・九州大学応用力学研究所教授が考えているマイクロプラスチックのできかた。海面に浮いている大きめのプラスチックごみが岸に打ち上げられ、マイクロプラスチックとなって海中に広がっていく

することになる。

海面の波が浮遊物を岸に押しやる水の動きは、海面近くの浅い部分で大きく、深くなるにしたがって小さくなる。その結果、大きなプラスチックごみは岸の近くに集中し、マイクロプラスチックは、岸近くはもちろんのこと、かなり沖合にもそれなりの量が漂うことになる。

マイクロ化の「削り節」説

マイクロプラスチックは、あの硬い「かつお節」を削って薄い「削り節」ができていくように小さくなっていくのではないか——。プラスチックに詳しい長崎大学の中谷久之《なかたにひさゆき》教授は、２０１９年11月にマテリアルライフ学会が主催したマイクロプラスチックシンポジウムで、プラスチックがマイクロ化するしくみについて、このような削り節説を示した。

九州大学の磯辺さんらが計算したところ、マイクロプラスチックが海の表層にとどまるのは3年くらいらしい。滞留時間を3年と仮定して計算すると、いろいろな観測結果とうまく合うのだという。どこかに行ってしまうのだ。

第一章で、海に流れ込んだはずのプラスチックごみのうち、実際にわたしたちが観測でとらえているのは、全体のわずか1％だというお話をした。ミッシング・プラスチック、つまり行方不明のプラスチック問題である。いまの「3年」は、その行方不明問題がマイクロプラスチックにもあることを示している。プラスチックごみは分解されにくく、半永久的にごみのままといわれているのに、この「3年」はいかにも短い。不可解だ。マイクロプラスチックがわたしたちの視界から消え、観測でキャッチできなくなってしまうのは、たんに沈んでしまうからなのだろうか。

中谷さんの削り節説は、この問題に新たな解決の糸口を与えるかもしれない。具体的にみてみよう。

大きなプラスチックが小さく砕けてマイクロプラスチックになる。この断片化したプラスチックは、もちろんそれ自身がマイクロプラスチックなのだが、じつは、それよりはるかに小さいマイクロプラスチックの発生源にもなっているというのだ。１個が2個に、２個が4個に割れていくようにだんだん小さくなるのではなく、かつお節を削り器にかけて薄い削り節をつくるように、マイクロプラスチックの表面から、極微のプラスチック片がどんどんはがれていく。それが削り節説だ。

中谷さんは、こんな実験をしている。ポリプロピレンのフィルムを実験に使いやすい大きさに切って、水に入れておく。これに、プラスチックを劣化させる効果が高まる物質をつくって加え、紫外線をあてる。水には土も加えておく。こうして数十日たつと、ポリプロピレンの表面は「うろこ状」になってくる。薄くはがれそうな１００分の１ミリメートルサイズの「うろこ」が、無数に発生していたのだ。

「紫外線で劣化したプラスチックが水でふやけている」と中谷さんは説明する。土に埋めておいた場合、うろこはできなかった。プラスチックは石油からつくるので、本来は水となじみが悪い。だから、水分の多い食品を保存してもプラスチック容器は変質しない。だが、劣化して表面に亀裂《きれつ》ができ、そこに水が浸入すると、ふやけて、１００分の１ミリメートルにも満たないうろこのような極微の薄片がはがれ落ちるようになる。

こうなると、もうマイクロプラスチックというより、「ナノプラスチック」といったほうがよい。ナノプラスチックの定義はまだきちんと定まっていないが、1マイクロメートル、つまり1000分の1ミリメートルより小さいもの、いいかえると「ナノメートル」の単位で計測される大きさのものをナノプラスチックというならば、この薄片は、すでにナノプラスチックの領域に入りかけている。とても肉眼で観察できるサイズではない。

砕けてできたマイクロプラスチックが、ナノプラスチックの発生源にもなっているとすれば、マイクロプラスチックが消えてなくなる不思議にも説明がつく。さきほど説明した「3年」についても、これまでの調査ではナノプラスチックがほとんど考慮されていなかったことを考えれば、特段の矛盾はないのかもしれない。マイクロプラスチックが、消滅するわけではないにしても、いっきに見えないサイズになってしまうのだから。

マイクロプラスチックの調査では、ふつう網目の大きさが約0・3ミリメートルのネットで漂流物を集める。そのため、それより小さいナノプラスチックは、網にかからない。だが、ナノプラスチックは、実際に海でみつかっている。フランスの研究グループは、大西洋で2015年に海水を採取し、その海水をじかに調べる方法でポリエチレン、ポリスチレン、ポリエチレンテレフタレートなどのナノプラスチックが検出されたことを、2017年の論文で発表している。この事実を知ると、中谷さんの削り節説も現実味をおびてくる。

微生物がプラスチックを食べていた

中谷さんのこの実験には、もうひとつ興味深い点がある。微生物がポリプロピレンを食べていたのだ。

実験では、純粋な水を使った。微生物を加えるため水に土は入れたが、えさになる可能性がある物質はプラスチックだけだという。この状態で60~80日ほどおいたところ、使ったポリプロピレン全体の1割、微生物のはたらきを支える物質を加えると2割が分解して二酸化炭素になっていた。ふやけたプラスチックの表面を電子顕微鏡で撮影してみると、糸状の微生物がたくさん付着していた。

第二章の生分解性プラスチックのところでお話ししたが、プラスチックは2段階で分解が進む。最初は、プラスチック分子の長い鎖を切って、高分子を低分子に分ける段階。つぎが、微生物が低分子を分解して生きるために利用する段階、つまり食べる段階だ。

実験に使ったポリプロピレンは、いわゆる生分解性プラスチックではない。半永久的にごみとして残るはずのプラスチックだが、分子の長い鎖を切ってやれば、それを食べて二酸化炭素にまで分解する微生物がいた。この実験では、鎖の切断をうながす物質は使ったが、特殊な微生物を加えたわけではなく、土を水に入れただけだ。土中の微生物が、この場合は水中でも活動したらしい。中谷さんも、「生分解性プラスチックの本質は、プラスチックの高分子を低分子化すること。低分子を食べることのできる微生物は、たくさんいる」という。

河口などに放置されているポリエチレンやポリプロピレンのなかには、プラスチックの劣化を防ぐ安定剤がかなり抜けてしまっているものがあるのではないか。そうなれば、思いのほか速くプラスチックの分解は進むのかもしれない。実際に調べてみなければわからないと断りつつも、中谷さんは、プラスチックのマイクロ化やナノ化、あるいは生分解の可能性を指摘する。

バクテリアのような微生物のなかには、プラスチックの長い鎖状分子を切ることのできる酵素をもっているものもいる。だが、微生物がプラスチックを分解するためには、まず、プラスチックに取りつく必要がある。ところが、ナノプラスチックほど小さくなると、バクテリアのほうがかえって大きいくらいで、プラスチックに乗っかれなくなる。そうなると、バクテリアはプラスチックをもう分解できなくなるのではないか。結局、極微のプラスチック片は分解されずに残ることになる。この点については、まだよくわかっていないが、プラスチックの分解にはこのような大きさの限界があるかもしれないと中谷さんはいう。

異分野の知を統合する難しさ

プラスチックの表面が劣化して、うろこ状の薄片がはがれる現象は、この分野の専門家のあいだでは「水泡剝離《はくり》」としてすでに知られていた。また、プラスチックが丈夫だとはいっても、安定剤が加えられていなければ、そう長持ちするものではないことも、このシンポジウムに参加していたプラスチックの専門家にとっては、なかば常識のようだった。

だが、研究分野が違う専門家とこの「常識」を共有することは、意外に難しそうだ。マイクロプラスチックの問題に精力的に取り組んでいるある海洋物理学の専門家は、「海から採取したマイクロプラスチックのなかには、たしかに薄いものがある。きょう聞いた話と一致する」「マイクロプラスチックが『ナノプラスチック』の大きさでたくさん存在しているかもしれないという話は衝撃的だ。研究の進め方が変わってくるかもしれない」とシンポジウムで発言していた。

科学の世界では、研究分野の細分化が進んでいる。たとえば、おなじ物理学といっても、素粒子物理学、物性物理学などさまざまな分野があり、それぞれがさらに細分化されている。この環境で研究競争を強いられるので、「たまには自分の専門と関係のない分野の論文でも読んでみようか」などという余裕はない。自分の専門分野だけを狭く深く、そしてだれよりも先にというのが、いまの科学研究の流儀だ。

だが、海のプラスチックごみのように社会的問題の解決を目指す研究には、さまざまな分野の事柄が複合的に絡んでくる。それぞれの専門分野で研究を進めても、そしてそれがたとえ正当と認められて論文になったとしても、別の分野からみれば、問題の設定に不備があったり、研究の進め方のピントがずれているように感じられることもあるだろう。

研究分野が違えば、研究を進めるための手法や前提とする暗黙知も別物なので、異分野を融合させることは難しい。海洋物理学の研究者にプラスチック自体の研究も同時に行えと迫っても、それは無理な相談だ。だからこそ、たがいの研究に耳を傾け、自分の研究は社会問題の解決にきちんと向かっているのかを自省すること、そうした場を大切にすることが重要だ。そうでなければ、たんに論文が量産されるだけで、その知を社会問題の解決に役立てることはできない。

それぞれの分野が知恵を出しあい、融合よりもむしろ統合の知を自覚的に目指すことで、科学は初めてプラスチックごみ問題を解決する道筋を示せるのではないか。プラスチックごみのシンポジウムに参加していると、そう感じることがよくある。

2　マイクロプラスチックは地球のあらゆるところに

ネットですくう地道な調査

いま世界の海には51兆個のマイクロプラスチックが漂っているといわれている。英国やオーストラリアなど6か国の研究者が、それまでの論文で公表されている結果などをもとに推定し、2015年の論文で発表した数字だ。1971〜2013年にさまざまな海域で行われた漂流ごみについての調査からデータを集め、海流による広がりを計算に入れたうえで、14年時点での総量を推定した。

海面近くの海水は、夏は上下に混ざりにくく、冬は混ざりやすい。夏は強い太陽に照らされて海面の水温が上がるので、海面の水は軽くなっている。冷たく重い水の上に温かく軽い水が乗っているので、そのまま安定して上下に混ざりにくい。冬は海面が冷えて水は重くなるので、混ざりやすくなる。マイクロプラスチックのように小さな物体は、このような海水の動きの影響を受けやすい。したがって、おなじ海域でも、海面に浮いているマイクロプラスチックの数は、調査する季節によって違う可能性がある。

そのほかにも、調査したときに海面を吹いていた風、あるいは、どの年代に調査したかといった点が、推定の根拠に影響を与える可能性がある。海流の計算方式にも、いろいろある。そのように不ぞろいなデータを照らし合わせ、工夫しながら世界の海に広がるマイクロプラスチックの総量を推定したのが、この研究だ。したがって、推定値には幅があり、論文には、マイクロプラスチックの個数は15兆～51兆個、重さにして9万3000～23万6000トンと書かれている。さきほどの「51兆個」は、推定値の上限をとったものだ。

さて、この推定のおもとになっているのは、過去に実際の海でおこなわれたマイクロプラスチックの個数調査だ。海面にネットをたらして浮遊物を集める方法が一般的で、約1万2000回分の収集データを使ったという。

これから、マイクロプラスチックが世界の海のどこにどれくらいあるかを、すでに公表されている論文に沿って説明していくが、いま述べたように、その基本は、船からネットを海面にたらして漂流ごみを集める地道な作業だ。

マイクロプラスチックの研究を目的として海面の漂流ごみを集める場合、ごくふつうに使われるのは「ニューストンネット」だ。大きな虫とり網のようなものだ（写真3－1）。

写真3-1　マイクロプラスチックの調査で使う「ニューストンネット」。海面近くをさらって、浮遊物を採取する（磯辺篤彦・九州大学応用力学研究所教授提供）

ニューストンというのは、水面の近くにいる生き物を指す生物学用語だ。水中の小魚や魚の卵、植物プランクトンや動物プランクトンなど、さまざまな生き物が含まれている。水面に乗っているアメンボもニューストンだ。生涯をとおして水面近くから離れない生き物を指すので、水鳥は、水面に浮いていることはあるが、ニューストンには含めない。

ここで、「プランクトン」という用語についても説明しておこう。「ニューストン」が生き物の生息場所についての分類であるのに対し、「プランクトン」は、生き物の遊泳能力に関する分類だ。

プランクトンは、あまり泳ぐ力がなく、

水の動きに身を任せてくらしている生き物のことだ。サイズの大小は関係ない。蚊の幼虫であるボウフラ、異常に繁殖して池を緑に濁らせることもある植物プランクトン、そしてクラゲもプランクトンだ。ただし、一般的には、大きさがせいぜい1ミリメートルくらいの小さな生き物、すなわち植物プランクトンや動物プランクトンを指すことが多い。

魚のように自分で泳ぐ生き物は「ネクトン」という。プランクトンと対になる言葉だが、こちらのほうは、わたしたちがふだん使う日常用語としてはなじみが薄い。

さて、そのニューストンを研究の目的で採取するための道具がニューストンネットだ。いくつかの種類があるが、たとえば、開口部が1辺75センチメートルの正方形で、そこに長さ3メートルの網がついている。網目の大きさは約0・3ミリメートルだ。これより小さな浮遊物は採取できない。またこれより大きくても、たとえば繊維のように細くて長いものは、網目をすり抜けてしまう可能性がある。

海上保安庁が2018年に公表した「海上保安庁が試験的に実施したマイクロプラスチックのサンプリング」という報告によると、この作業には苦労も多いようだ。

当然ながら、ネットに入るのはマイクロプラスチックだけではない。困ってしまう浮遊物の代表は流れ藻。これがたくさんネットに入ってしまうと、採取した浮遊物をあとでえり分けるときに手間がかかる。えり分けるのは手作業なので、そこに電気クラゲのような有毒の生き物がまじっていると危険だ。

このような調査では、海のありのままの状態を調べたいのだが、用心しないと、その観測船から発生したごみがネットに入ってしまうこともある。たとえば、煙突から出る「すす」。また、船も乗員もプラスチックを大量に使っているので、それが海に落ちて採取されてしまうことのないようにしなければならない。この海上保安庁の採取では、ネットを船べりから10メートル離して引いていたのだが、それでも注意が必要だという。

浮遊物を集めたニューストンネットは、船上に引き揚げ、浮遊物をネットのいちばん奥に集めて取りだし、海水ごと保管する。それを研究室に持ち帰り、内容物を調べる。基本は、まずプラスチック片を大きさで分類すること。たとえば、方眼状の目盛りがついたガラス皿に乗せ、その大きさを見て手作業で分けていく。プラスチックの種類を調べるには、赤外線をあてて反射してくる光を分析する方法などを使う。

日本近海はマイクロプラスチックのホットスポット

こうした調査の結果、日本近海を漂うマイクロプラスチックは、世界的にみてもかなり多いことがわかってきた。ニュースなどでよく「日本近海のマイクロプラスチックの量は世界平均の27倍」といわれるが、そのもとになっている調査について説明しよう。

この「27倍」という数字が登場するのは、九州大学応用力学研究所の磯辺篤彦教授のグループが2015年に発表した「東アジア海域、そこは海を漂うマイクロプラスチックのホットスポット」という英語の論文だ。

この論文のもとになった調査がおこなわれたのは2014年の7月から9月にかけて。東京海洋大学の2隻の練習船を使い、日本海を中心に九州の南から津軽海峡まで日本近海の56地点で、のべ約50日にわたって1日3回ずつニューストンネットを引いた。集まったマイクロプラスチックは全部で1万2120個。平均すると海水1立方メートルあたり3・7個が含まれていた。この量が多いのか少ないのかは、過去に調査され論文として公表されている結果と比べることであきらかになる。

こうした比較は難しい。どうしてもあいまいさが残る。比較のためにさまざまな仮定が必要だからだ。たとえば、磯辺さんたちは、1立方メートルあたりのマイクロプラスチックの個数を算出している。ところが、過去の研究では、海域1平方キロメートルあたりの個数を示している場合もある。そのままでは比較できない。

そこで磯辺さんたちは、マイクロプラスチックは水深が深くなるほど数は減るといった仮定などをもとに、面積1平方キロメートルあたりのマイクロプラスチックの数に換算し、これまでの研究と比べた。

こうして求めた東アジア海域のマイクロプラスチックの量は1平方キロメートルあたり172万個。一方、過去の研究では、北太平洋が10万5100個、世界平均が6万3320個。したがって、東アジア海域の海を漂うマイクロプラスチックの数は、北太平洋の16倍、世界平均の27倍になる。これが「27倍」の根拠だ。

いま述べてきたように、「27倍」に至るまでにはさまざまな仮定がある。水深とともにマイクロプラスチックがどう減っていくかは、じつははっきりわかっていないし、そもそも、かぎられた海域の調査をもとに広大な海洋全体のマイクロプラスチック量を推定するには、どうやって海流に乗って広がるかといった点などに、大胆な仮定が必要だ。それを、いま考え得る最良の方法を使って推定したのが「27倍」ということなのだ。

したがって、この数字が27倍なのか、あるいは20倍、30倍かもしれないといった細かな議論をすることには意味がない。東アジアの海域には、世界平均に比べて何十倍もの密度でマイクロプラスチックが広がっているらしいと考えるのが、科学的には正しい解釈だ。

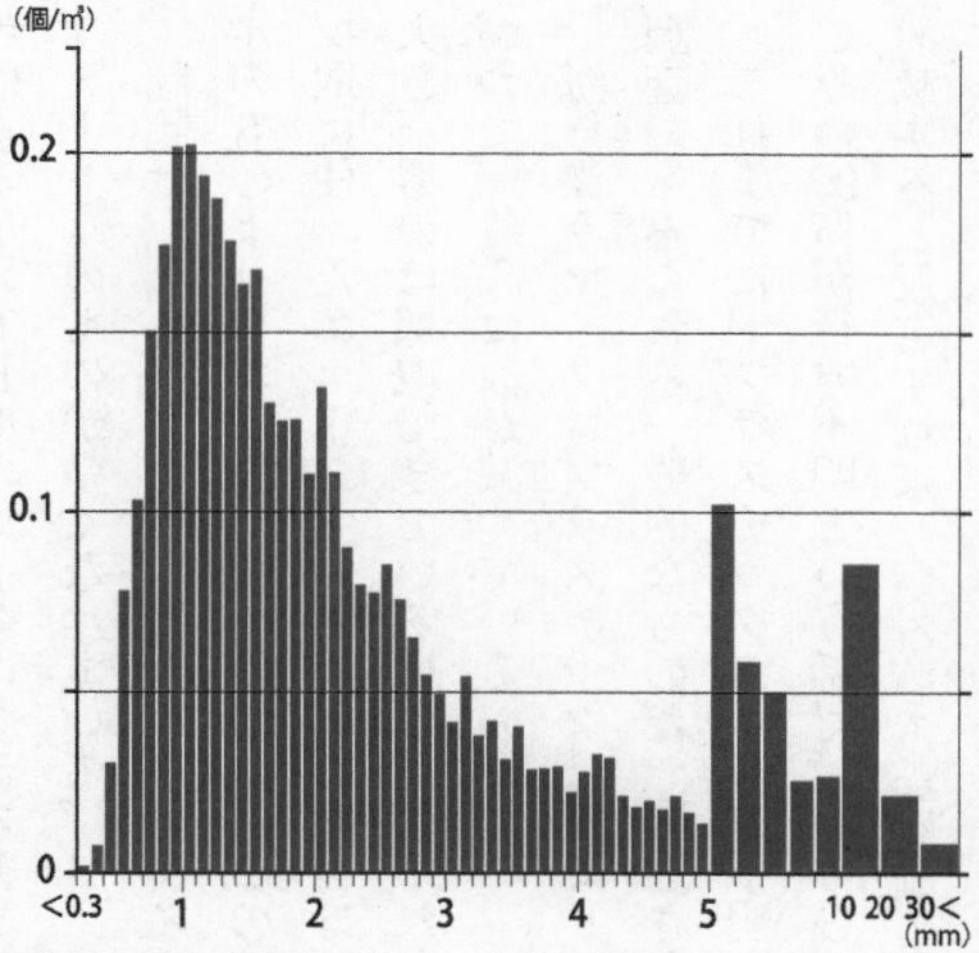

図3-2　磯辺さんらが採取したマイクロプラスチックは、大きさが1ミリメートル前後のものが多かった。それより小さいマイクロプラスチックが少なくなるのは、いまでも謎だ(Atsuhiko Isobe et al.(2015)より)

なぜか1ミリメートルの破片が多い

「27倍」の数字が出ている磯辺さんたちの論文には、不思議なグラフが載っている。採取したマイクロプラスチックの大きさを0・1ミリメートル刻みで分類し、それぞれ何個ずつあるかを示したグラフだ。いちばん多かったのが1ミリメートル前後のマイクロプラスチックで、それより大きくても小さくても個数が少なくなっているのだ（図3－2）。

大きなプラスチックごみが砕けてマイクロプラスチックになるのだから、常識的に考えれば、大きなプラスチックより小さなプラスチックのほうが数が多くなるはずだ。論文のグラフでも、たしかに4ミリメートルのマイクロプラスチックより3ミリメートルのものが、それより2ミリメートルのものが多くなっている。

問題は、1ミリメートルより小さいマイクロプラスチックだ。その数が、1ミリメートルのものより少なくなっているのだ。この範囲では、小さければ小さいほど数が少ない。採取に使ったニューストンネットの網目は0・35ミリメートルの大きさなので、それより大きなものは採取できているはずだ。それなのに、1ミリメートルから小さくなるにしたがって、急激に数が減っているのだ。

海を漂うマイクロプラスチックは1ミリメートル前後のものが多いという傾向は、他の調査でもみられる一般的なものだ。磯辺さんは「その理由はよくわかっていない」という。

これまでに、プラスチックの「行方不明」についていくつかお話しした。プラスチックごみの99%が行方不明という話だ。もうひとつは、海面のマイクロプラスチックが3年で消滅すると仮定すれば、いろいろな観測事実とつじつまが合うという「行方不明」。もしそれが正しいなら、マイクロプラスチックはたった3年でどこへ行ってしまうのかという問題だ。

そして、ここでもまた新たな「行方不明」が出てきた。1ミリメートルより小さなマイクロプラスチックは、どこに消えたのだろう。

いかに性質のよいプラスチックをつくるかという生産過程についての研究は、大学でも企業でもこれまでさかんに進められてきた。だが、消えてなくなる過程の研究は、それにくらべて数が少ない。よくわかっていないことが、まだまだたくさんある。

南極にも、北極にも、そして海底にも

そしてマイクロプラスチックは、実際に南極近くの海でもみつかっている。

磯辺さんたちのグループは、2016年の1〜2月に、オーストラリア南東部のタスマニア島から南極大陸にかけての南極海周辺でマイクロプラスチックを採取した。その結果、南緯60度より南、もうすぐ南極大陸という2か所の観測地点で、1平方キロメートルあたり10万個レベルのマイクロプラスチックがみつかった。

1平方キロメートルあたり10万個といえば、北太平洋レベルのマイクロプラスチック数だ。人口が多く海のプラスチックごみの大きな排出源になっている北半球とおなじレベルのマイクロプラスチック汚染が、わたしたちの生活からもっとも離れているといってよい

南極海でも進んでいる。マイクロプラスチックは、もう世界のあらゆる海に広がっていると考えるべきだろう。

この調査では、マイクロプラスチックより大きなプラスチックごみは、ほとんどなかった。南極海のマイクロプラスチックは、そこで大きなプラスチックが砕けてできたのではなく、すでに小さく断片化したものが遠くから運ばれてきたということのようだ。

南極だけではない。北極でもマイクロプラスチックはみつかっている。

米国と英国の研究グループは、北極海の海氷から高濃度のマイクロプラスチックを発見し、２０１４年の論文で発表している。過去に北極海の４か所で採取された氷の試料をあらためて分析したところ、かけら状や繊維状のマイクロプラスチックが、氷の体積１立方メートルあたり38〜２３４個もみつかったというのだ。これは、太平洋の亜熱帯域での過去の調査であきらかになった水の体積１立方メートルあたりのマイクロプラスチック数にくらべ、数百倍から数千倍にもなる濃度だという。その後、他の研究グループも、やはり北極海の海氷から高濃度のマイクロプラスチックを検出している。

海で氷ができるとき、まず海水の表面で薄い氷ができはじめ、やがてそれが集まり、下へ下へと成長していく。その際に、海面付近を漂っていることの多いマイクロプラスチックがどんどん氷にとりこまれるのではないかと、この論文では推測している。

高緯度の冷たい海では、春先に「スプリングブルーム」がおこる。海氷が解けて太陽の光が海中に届くようになると、光合成をおこなう植物プランクトンが爆発的に増える現象だ。すると、それをえさにする貝などが、さらに魚や海鳥も集まってくる。

マイクロプラスチックが含まれている海氷が解ければ、それは海に戻る。マイクロプラスチックは、魚がふだんえさにする動物プランクトンとよく似た大きさなので、魚はえさと間違えて食べてしまう。つまり、寒い季節を終えて春を迎えた北極の海で、多量にえさとして魚の体内に取りこまれることになる。冷たい海にはとくにたくさんの生き物が生息しているだけに、気になる結果だ。

もちろん、海氷ではなく北極海の海水そのものを調査した研究もある。アイルランドとイタリアの研究者がノルウェー領スバールバル諸島の南と南西で２０１４年に海水を採取して調べたところ、海面下16センチメートルのごく浅いところからは海水１立方メートルあたり平均０・34個の、水深６メートルのやや深いところからは平均２・68個のマイクロプラスチックが検出された。海面より、やや深いところに多いという結果だ。全体の95％は繊維状のマイクロプラスチックだった。

マイクロプラスチックは、海底にも到達している。英国とスペインの研究者グループは2014年、北大西洋のヨーロッパ周辺や地中海《ちちゅう》、インド洋南西部の海底堆積《たいせき》物からみつかったことを論文で報告している。01〜12年に採取、保存されていた水深1000メートル前後の海底堆積物を調べてみると、ポリエステル、アクリルなどの繊維状マイクロプラスチックがみつかった。その長さは2〜3ミリメートル、太さは0・1ミリメートル以下だった。みつかった繊維状マイクロプラスチックの量は、それまでの研究であきらかになっていた海岸近くの浅い海底と、あまり変わらないという。

マイクロプラスチックは、世界中の海に、そして海面から海底にまですでに広がっている。これまでの調査が示しているのは、マイクロプラスチックに汚染されていない海は、おそらくもう地球上にはないということなのだ。

2060年には北太平洋で4倍に

磯辺さんは、東京海洋大学や札幌《さっぽろ》市にある寒地土木研究所の研究者とともに、このさき太平洋でマイクロプラスチックがどれくらい増えるかを予測した論文を2019年に発表した。それによると、海に流れ込むプラスチックごみがこのまま増え続けた場合、海面にマイクロプラスチックが集まりやすい夏の北太平洋中緯度海域では、２０６０年に現在の4倍の量に達する見込みだという。

将来のできごとを科学的に予測する場合、その有力な手段になるのがコンピューターによるシミュレーションだ。このシミュレーションの結果としてわかったことのひとつは、海のマイクロプラスチックが海面を漂う期間は3年くらいらしいということ。１５６ページでいちど紹介しているが、それはこの研究で得られた結果だ。また、海面を漂うマイクロプラスチックは、やはり北緯30度くらいの中緯度海域に集中することも、このシミュレーションは示している。「太平洋ごみベルト」とむかしからいわれている海域だ。傾向としては、米国に近い東寄りよりも、日本に近い西寄りから中央部に多い。量が多くなるのは、冬よりも夏だ。

そして、マイクロプラスチックの将来予測。やはり、この北緯30度あたりの海域では、マイクロプラスチックは大幅に増える。海に流れ込むプラスチックごみがこのまま増えていけば、２０１６年にくらべて２０３０年には2倍、２０６０年には4倍になると予測される。

将来の北緯30度海域でも、マイクロプラスチックがとくに多いのは、日本付近から中央部のあたりにかけてだ。この海域には、動物プランクトンが多い。ということは、それを食べる魚なども多く生息しているはずだ。ちょうどそこでマイクロプラスチックが増えることになるので、えさと間違えて食べてしまう魚もたくさん出てくるだろう。この海域に生息する多くの生き物が多量のマイクロプラスチックに出会うことになる。

さらに、この論文には興味深い指摘がある。こうして海のマイクロプラスチックが増えていけば、2060年の時点で、生き物への影響が目に見えてくる可能性があるという。

マイクロプラスチックが生き物に与える影響を実験室で調べるとき、その有無による違いをはっきりとらえるために、実際の海ではありえないほど多量のマイクロプラスチックを与えたり、濃いめの有害物質を加えたりする。これまでの研究によると、生き物に影響が出るマイクロプラスチック量の下限は、水1立方メートルあたり1～10グラムくらいらしい。この量は、いまはまだ「ありえない」のだが、このさきマイクロプラスチックが増え、2060年になれば「ありうる」状況になるかもしれない。水1立方メートルあたり1グラムくらいになる可能性があるからだ。

では、マイクロプラスチックが生き物に与える影響とは、どのようなものなのだろうか。その可能性について、つぎにみていこう。

3　わたしたちはプラスチックごみを食べている

食べ物にマイクロプラスチックが

　プラスチックごみの問題がもっとも我が身に迫って感じられた研究成果のひとつが、東京湾のカタクチイワシの体内からマイクロプラスチックが検出されたという話だろう。カタクチイワシは海岸近くの浅いところに多く生息しており、めざしやしらす干し、煮干しなどとしてわたしたちの口に入るおなじみの魚だ。他の大きな魚などのえさになることも多い。

　東京農工大学の高田《たかだ》秀重《ひでしげ》教授らのグループが、2015年8月に東京湾の横浜《よこはま》沖合で64匹のカタクチイワシを採取して調べたところ、その8割にあたる49匹の消化管からプラスチック片がみつかった。もっとも多かったイワシでは15個。平均すると1匹あたり2・3個だった。2016年の論文で報告されている（写真3－2）。みつかったプラスチック片は全部で150個。その9割にあたる129個が砕けてでき

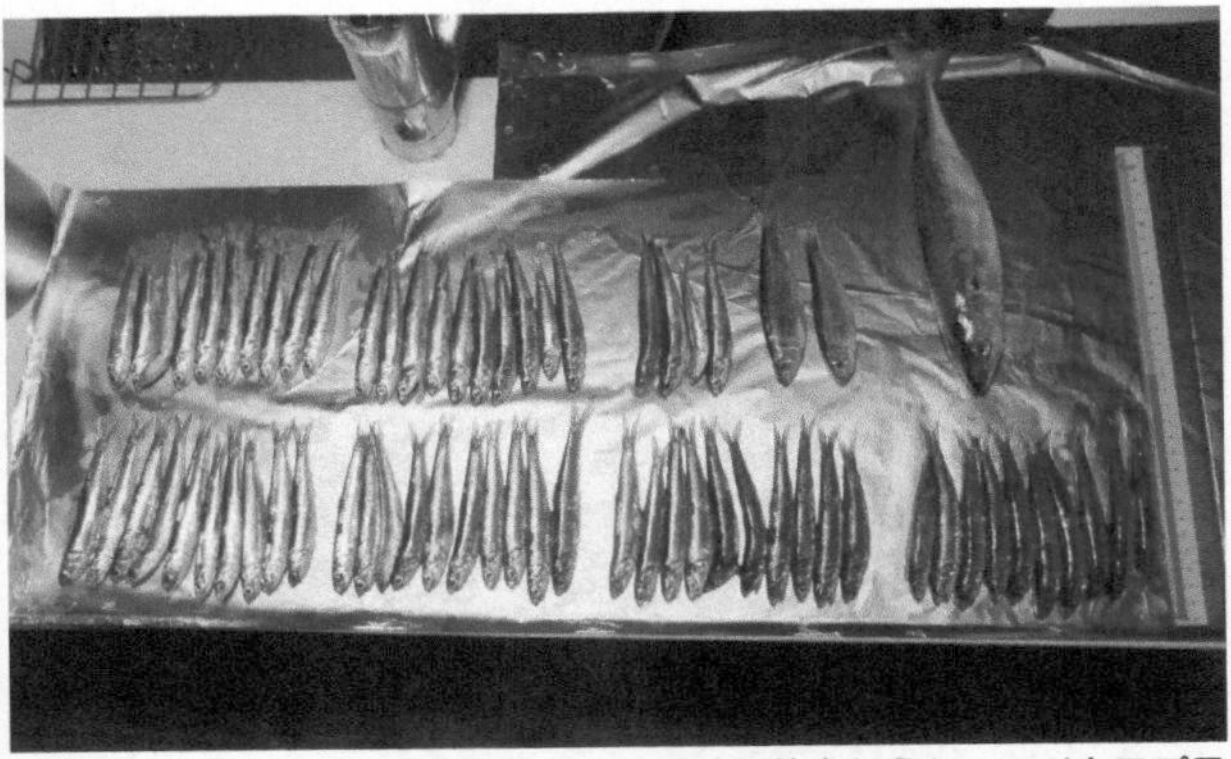

写真3-2　東京湾でとれたカタクチイワシの体内からも、マイクロプラスチックがみつかった（高田秀重・東京農工大学教授提供）

たとみられる小片で、繊維状のものは8個だけだった。最大径は0・15〜6・8ミリメートルで平均は0・78ミリメートル。8割が0・15〜1ミリメートルの範囲に収まっていた。大きさが5ミリメートルより小さいマイクロプラスチックだ。材質は52％がポリエチレン、43％がポリプロピレン。いずれも水より軽いプラスチックだ。

前にお話ししたように、磯辺篤彦・九州大学応用力学研究所教授らの調査でみつかった日本近海のマイクロプラスチックは、1ミリメートルくらいの大きさが多い。それに比べると、カタクチイワシが食べていたマイクロプラスチックは小さめだ。これには、カタクチイワシの好みの大きさが反映されているらしい。海のマイクロプラスチックは動物プランクトンと似たサイズで、魚がえさと間違えて食べる可能性が高いと以前から指摘されてきた。そして魚は、たしかにマイクロプラスチックを食べていることが確認されたのだ。

魚だけではない。貝もマイクロプラスチックを体内に取りこんでいる。中国と英国の研究グループが2018年に発表した論文では、スーパーマーケットで買った食材用のムール貝を調べている。英国内の8か所のスーパーマーケットで購入した生きた状態や調理済みのムール貝を調べたところ、生きたものからは1個体あたり平均5個前後、調理済みの貝からは4個ほどの小片がみつかったという。

米国とインドネシアの市場で買った魚や貝からプラスチック片がみつかったという報告もある。両国の研究者が共同で書いた2015年の論文によると、インドネシアの南スラウェシ州で買った魚では、11種類76匹のうち、種類でいうと半分以上の6種類、全体としては76匹のうち3割にあたる21匹の消化管からプラスチック片がみつかった。米カリフォルニア州で買った魚では、12種類64匹のうち8種類16匹から、また、12個のカキのうち4個でみつかった。

なかには大きさが2センチメートルを超えるプラスチック片もあったが、平均的にみるとその多くはマイクロプラスチックだった。インドネシアのものにはかけら状のプラスチックが多く、米国では繊維状が多かった。ごみの処理方法の違いなどが、その原因として考えられるという。

このように、わたしたちが食用とする身近な海の生き物の体から、マイクロプラスチックがみつかっている。わたしたちの体内にも、やはりマイクロプラスチックは入っているのだろうか。

カナダの研究グループは2019年、米国の生活で人はどれくらいのマイクロプラスチックを体内に取りこんでいるかを見積もった論文を発表した。

もとにしたのは、マイクロプラスチックが食品などにどれくらい含まれているかといったそれまでに公表されているデータだ。海産物は1グラムあたり1・48個、砂糖は0・44個、はちみつは0・10個、塩は0・11個。1リットルの水道水には4・24個で、それがボトル入りの水だと94・37個。空気中には1立方メートルあたり9・80個といった具合だ。

これを標準的な米国人の生活にあてはめて計算すると、1年間でひとりあたり7万4000〜12万1000個のマイクロプラスチックが体内に入るという結果になった。たとえば成人男性だと、食品として口から入るのが5万2000個、吸いこむ空気にまじって入るのが6万2000個。全部を平均すると1日あたり312個のマイクロプラスチックを摂取していることになる。

また、水についていえば、水道水だけを飲むなら1年あたり4000個のマイクロプラスチックだが、すべてをボトル入りでまかなうとすれば9万個になるという。

この見積もりをするためにはさまざまな仮定が必要で、そのため、結論の数字には幅も大きい。どうしてもそれは避けられないので、過大評価にならないよう、ごく控えめな数字を使ったという。また、計算に肉や野菜などは含まれていない。したがって、実際にはもっとたくさんのマイクロプラスチックを摂取しているはずだとこの論文では指摘している。

もっと直接的な証拠もある。朝日新聞は2018年10月24日付の夕刊で、人間の便からマイクロプラスチックが検出されたという欧州消化器病学会での発表を伝えた。ウィーン医科大学などの研究グループが、日本、英国、イタリア、オランダ、オーストリア、ポーランド、フィンランド、ロシアの8か国、計8人の便を調べたところ、全員の便から0・05～0・5ミリメートルのマイクロプラスチックがみつかった。その個数は、平均すると便10グラムにつき20個だったという。

動物には、体内に取りこんだものでも、不要ならば便として捨てるしくみがある。わたしたちは、繊維を含めてプラスチック製品を日々これだけたくさん使っているのだから、体内にマイクロプラスチックが入ってくるのは当然だし、それが便として捨てられるのも、また自然なことだ。その意味では、過度に不安になる必要はない。体にとっては、数ある不要物のひとつにすぎない。

ただ、すこし気になるのは、プラスチックは消化されずに排出されるとしても、プラスチックに含まれている有害物質が体内に残る可能性があることだ。

有害物質が体に蓄積される

プラスチックには、さまざまな添加剤が使われていることは、第一章でお話しした。また、とくに海を漂うプラスチックは、食用油に混入して人体に被害を与えた過去があるポリ塩化ビフェニル（ＰＣＢ）や、かつて農薬として使われていまも海水中に残っているジクロロジフェニルトリクロロエタン（ＤＤＴ）などの有害物質を、その表面に吸い着けてしまう。マイクロプラスチックの生体への影響に詳しい東京農工大学の高田秀重教授によると、プラスチックに吸着する汚染物質の濃度は、海中濃度の10万〜１００万倍になることもあるという。

こうした物質がマイクロプラスチックとともに体内にとりこまれると、溶けだして体に残る場合がある。プラスチックは石油からつくられるので、もともと水よりも油となじみやすい。そのため、油分の多い有害物質が吸着して水となじまないまま漂い続け、油分の多い生体内に入ったとき、その有害物質を解き放ちやすくなる。

プラスチックの添加物や吸着した有害物質が生体に与える影響については、これまでにもたくさんの研究成果が発表されている。

たとえば、米国の研究グループがメダカにマイクロプラスチックを食べさせた結果を発表した２０１３年の論文。ポリエチレンでできた大きさ３ミリメートルの粒を３か月間、米サンディエゴの海岸で海水につけ、それを０・５ミリメートル以下に砕き、えさに重さにして10％まぜて、２か月のあいだ水槽のメダカに与えてみた。すると、プラスチックの難燃剤として使われる「ポリ臭化ジフェニルエーテル」が、体の組織から検出された。えさにポリエチレンをまぜないメダカ、海水につけていないポリエチレンをまぜたメダカとははっきりと差が出ており、海水から吸着した有害物質がメダカの体に移行したとみられる。

東京農工大学や北海道大学などの研究グループは、新潟県の粟島《あわ》にいる海鳥のオオミズナギドリのひなにプラスチックを食べさせた結果を、2020年の論文で報告している。この研究では、1種類の難燃剤と4種類の紫外線吸収剤を加えたポリエチレンの粒をつくり、自然状態の営巣地にいる生まれて1か月ほどのひなに与えてみた。これらの添加剤は、いずれもプラスチックにごくふつうに含まれているもので、その濃度やひなに与える量は、過去の研究を参考にして、過剰にならないよう注意した。

これを半月、1か月と続けたのち、ポリエチレンの粒を与えないひなとくらべたところ、与えたひなの肝臓や腹部の脂肪に添加物が蓄積されていることがわかった。多い場合には12万倍の量に達していたという。自然界で海鳥がプラスチック片を食べてしまう状態をできるかぎりそのまま再現したこの実験で、プラスチックの添加物が体に吸収され、しかも肝臓などにたまっていくことが示されたのだ。

さきほどのメダカの実験は、プラスチックの表面に付着した有害物質を対象にしたもの。こちらのオオミズナギドリは、プラスチックにもともと含まれている添加物を対象にした実験だ。オオミズナギドリの実験で使ったプラスチックの粒は、直径5ミリメートル、長さも5ミリメートルの円柱形。メダカの実験で使ったポリエチレンは、もっと小さい。いずれもマイクロプラスチックといってよい大きさだ。えさと間違えて食べられやすい小さなかけらが、生き物の体内に有害物質を運ぶ船になっているのだ。

プラスチックのかけらそのものも、やはり生き物に害を与える可能性がある。ウミガメなどの海の生き物がプラスチックごみを食べてしまい、内臓を傷つけたり栄養不足になったりしてしまうことを、第一章でお話しした。これは比較的大きなプラスチックごみだが、小さなマイクロプラスチックを食べた動物プランクトンや貝などに生殖異常がみられたという報告もある。ただし、こうした実験では、それがプラスチックの「かけら」による影響なのか、あるいは、かけらからしみだした「化学物質」による影響なのかがはっきりわからないことも多い。サンゴへの悪影響を指摘した論文もある。

マイクロプラスチックより小さい「ナノプラスチック」については、消化管などから体内に入りこんで、肝臓や脳に移行するという動物実験の結果も報告されている。

「科学的な結果」の考え方

生き物が摂取したプラスチック片が体に与える影響についての科学的な研究は、いまもたくさん進められている。これまでにわかってきたことをまとめると、おおよそつぎのようになる。

わたしたち人間を含め地球上の多くの生き物が、意識的にせよ無意識にせよプラスチック片を食べてしまっていることは、ほぼ確実だ。その結果、大きなプラスチックの場合は、内臓を傷つけたり栄養不足に追いやったりする悪影響が出ている。マイクロプラスチックの場合は、添加剤や海中で吸着した有毒な化学物質が体内に移行することが、動物実験でたしかめられている。現実の世界でマイクロプラスチックを摂取したことによる人間への影響については、いまの時点では不明だ。

科学の世界で得られるこうした結果を考える際には、注意しておかなければいけないことがいくつかある。

まずひとつは、明確な結果をだすために、現実の世界にくらべてかなり多量の添加物などを加えている場合もあることだ。科学の世界では、添加物を加えても加えなくても結果に差がなかったというのでは、論文として成立しにくい。「差があった」という結果が論文になる。そのためには、きちんと差が出るように実験しなければならない。これは、「最初に結果ありき」で実験をねじ曲げているという意味ではない。最初はこのようにやや極端な条件や、本来のターゲットとは別の生き物を使ってその物質の有害性などを探っていく。それは科学ではごくふつうの流儀だ。

この科学の流儀が、ときに社会とのあいだで食い違いをおこすことがある。たとえば、読売新聞が1976年10月4日朝刊の一面トップで報じた「魚・肉の焼け焦げ」「発ガン性物質の疑い」という見出しの記事。焼け焦げや煙をバクテリアに与えてみたところ、バクテリアが変異したという結果だ。遺伝子に影響を与えたらしい。

国立がんセンター（当時）の研究成果を伝えたこの記事では、この突然変異は発がんの可能性を示す最初の段階であって、その詳細は今後の研究にまたなければならないこと、わたしたちの身の回りには発がん性を疑わせる物質がほかにもいろいろあること、この研究結果をもって「魚や肉を食べない」という行動をとるのは意味がないことなどを解説している。それにもかかわらず、世間は「焼け焦げを食べてはいけない」と過剰反応した。

科学研究の第一歩というのは、こういうものだ。マイクロプラスチックの問題にしても、現在の動物実験の結果をもとに「魚を食べるのはやめよう」と考えるのは、やはり過剰反応だろう。日常生活でバランスよく栄養をとるという食事の基本をおろそかにしてしまうのでは、元も子もない。

もうひとつは、海を漂うプラスチックに海水中の有害物質が吸着するといっても、それは、プラスチックにかぎった話ではないという点だ。マイクロプラスチックに吸着した有害物質が魚に取りこまれ、その魚をより大形の魚などが食べるといった食物連鎖で、有害物質が上位の生物におよんでいく可能性はたしかにある。だが、オランダや英国などの研究者グループが2016年に発表した論文によると、海中の有害物質は、マイクロプラスチックより、ごくふつうのえさに吸着する量のほうが多く、したがって、マイクロプラスチックは、海の生き物に対する有害物質のリスクを高めるものではないという。

科学の世界では、かならず手法と結果がペアになって結論が語られる。マスメディアは、ときに手法や前提条件、そのニュースの背景を詳細に語らずに結果だけを報じるので、科学の結果と社会の受けとり方にずれが出ることがある。動物実験の結果なのに結論を人間にあてはめてしまう、自然界にはありえない多量の有害物質を使っているのに、身の回りの環境でもそのことがおきていると受けとってしまうといった認識の「ずれ」だ。この傾向は、わたしたちの健康や安全に関係する事柄の場合に顕著だ。

マイクロプラスチックが生体に与える影響を考える際にも、この点をよく心に留めておきたい。

第四章　わたしたち一人ひとりの力は小さいのか？

1　ごみ拾いで海岸の環境をぎりぎり守る

海岸は掃除してもまたごみが来るし……

海に流れ込むプラスチックごみの実態やマイクロプラスチックの現状、プラスチックが永遠のごみになる理由、そして、これらについての科学的な成果を読み解くときに留意すべき事柄などを、わたしのこれまでの取材をもとにお話ししてきた。

わたしはプラスチックごみを研究する科学者ではない。その点では、この本を手にしてくださっているみなさんの多くと、きっと立場はおなじだ。みなさんがプラスチックごみについて抱くであろう疑問を想像しながら、代わりに調べて書いたのがこの本だ。そしてあらためて思うのは、「はじめに」でも述べたように、プラスチックの恩恵をじゅうぶん受けて人生を送ってきたのに、いざそのごみが問題になったとたんに、「あとは適当にヨロシク」と娘や息子の世代に申し送るのは、やはり嫌だなということだ。人生のやり残し感とでもいおうか。

わたしがいますぐ一人でも始められることはある。買い物に自分のバッグを持っていけば、レジ袋をもらわずにすむ。海や川でごみ拾いをすれば、たしかに拾ったぶんだけきれいになる。

だが、そんなとき、どうも割り切れない思いも残る。これだけ多量のプラスチックごみを前にして、わたし一人が努力してみたところで焼け石に水なのではないか。海岸でごみ拾いをしたって、いちど嵐がくれば、またたくさんのごみが流れ着く。やらないよりやったほうがマシなのかもしれないが……。

この最終章では、この割り切れない思いについて、あらためて考えていきたい。それはたんなる思い過ごしなのだろうか。まわりの人たちは、いったいどう思っているのだろうか。いま目の前にあるプラスチックごみ問題を解決することの難しさも含め、いまいちど周囲の状況をきちんと確かめておこう。たとえ、わたしたち一人ひとりの取り組みが小さな一歩にすぎないことがわかったとしても、納得してその小さな一歩を進めるために。

知っているし、行動もしたい

まず、海のプラスチックごみについて人々がどのように思っているかを、アンケートの結果からみてみよう。

日本財団は２０１８年11月、10代から70代までの日本に住む男女１４００人を対象に、インターネットを使って海ごみに関する意識調査をおこなった。「海ごみ問題を知っているか」という問いに対しては、81％が「知っている（聞いたことがある）」と答えた。

調査した２０１８年といえば、国連のグテーレス事務総長が「海をプラスチックごみで汚さないようにしよう」とよびかけ、コーヒーチェーンのスターバックスもプラスチックストローの使用をやめると発表した年だ。日本でも海ごみへの関心が高まった。８割もの人がとりあえずこの問題を「知っている」というのは、その影響もあるのだろう。

年代別にみると、60代以上で９割を超えているのに対し、10代は59％、20代は65％。若者の認知度が低かった。

「海ごみとして思い浮かぶもの」はペットボトルが74％、レジ袋（ビニール袋）が67％、発泡スチロールが63％で、プラスチックごみが上位の三つを占めた。一方で、実際には多い釣り糸・釣り針は49％、食品の包装袋・容器は48％、漁具・漁網は34％と認知度が低く、実態とのずれもあった。

海ごみ問題を前にして、わたしたちは傍観者でいるわけではないようだ。「だれの取り組みが重要か」という問いへの答えには、メーカー（85％）、政府（84％）、地方自治体（83％）と並んで個人（82％）が挙がっている。「一人ひとりができることをしよう」というマインドは、わたしたちのあいだで共有されているといってよいだろう。清掃や資源ごみの分別など、ごみを減らす地域の活動に参加したいという人も8割に達している。

ただし、この思いがストレートに行動につながっているわけではなさそうだ。身近にそうした活動がない、あるいは知らないという回答も、また多かった。やる気はあるが、その場がみつからない。そんなもったいない状況が、この調査で浮かび上がっている。

内閣府が2019年8〜9月に面接方式で調査した1667人の回答からは、個人の努力で減らせるプラスチック製品をうかがうことができる。過剰だと思うプラスチック製品として、弁当で使う小分け用の容器や飾り（50％）、レジ袋（50％）、通販などの包装・緩衝材（46％）、飲み物といっしょにだされるストロー・かきまぜ棒（45％）が上位に挙がった。日本財団の調査で思い浮かぶ海ごみの第1位だったペットボトルは、こちらの回答では27％と低率だ。海を汚す主役だと思っているわりには、その便利さからは離れられないということだろうか。

そして、これから取り組んでいきたいのは、できるだけレジ袋を受け取らない（56％）、ポイ捨て・不法投棄をしない（53％）、ルールにしたがってごみを正しく分別する（52％）。とりあえず、自分ひとりで簡単にできることから実行しようということだ。一方で、そこからさらに一歩ふみだすのはハードルが高そうだ。「路上などに落ちているごみを積極的に拾う」は25％、「街中や海岸で行われる清掃活動に積極的に参加する」は18％と低調だった。

さきに紹介した日本財団の調査からも、ごみ問題を解決したい気持ちはあっても、その活動の場が身近にみつからないという声が聞こえた。たしかに、それも清掃活動に積極的に参加する気になれない原因のひとつだろう。そして、おそらく、清掃してもすぐまた汚れてしまうという「徒労感」も。つぎに、海岸の清掃活動について、その意義をあらためて考えてみよう。

ごみは拾えば少なくなる

わたしたちが海岸のごみ拾いをしても、ごみはかならずまたやってくる。２００５年から神奈川県の江《え》の島《しま》で海岸清掃を続けているＮＰＯ法人「海さくら」の古澤純一郎《ふるさわじゅんいちろう》理事長も、そのホームページに「『江の島の海をキレイにしたい！』という想いは全く変わらず継続して活動していますが、この活動によって『海がキレイになってきた！』という実感もないというのが現状です」と記している。海ごみは、しぶとい。

こうした活動を支えているのは、自腹を切って参加しているボランティアたちだ。実際にごみ拾いに参加したり、活動する団体に寄付したり。ボランティアたちの原動力になるのは「共感」と「納得」だという。ごみで汚れた海岸を見て、これでは嫌だなと感じ、ごみを拾ってみようと思う。すこしでも自分がそうあってほしいと思う社会に近づけたい。きっと近づくはずだ。そんなとき、自分の行いがどれくらい、どのように役に立っているのかを知っておくことができれば、このような共感が、そして納得感も増すだろう。

海岸でごみを拾うことの意義は、まず、あたりまえのようではあるが、拾ったぶんだけきれいになるということだ。かりに、またごみが漂着するとしても、清掃を繰り返していれば、海岸に散らばるごみの数は平均的に少なくなる。

こんなデータがある。防衛大学校名誉教授の山口晴幸さんが、日本の海岸に漂着するごみの調査を長いあいだ続けてきたというお話は、これまでにもしてきた。山口さんは1998年から毎年、沖縄県の海岸で漂着ごみの数を調査している。年によって調査した海岸の数は違うが、調べた15～77の海岸のうち清掃した痕跡《こんせき》のある海岸は2000年代には4〜5割程度だったが、2010年代になると7〜8割ほどに増えた。

環境省は2007年から「漂流・漂着ゴミ国内削減方策モデル調査」を始め、2009年には漂着物の処理を自治体などに求める「海岸漂着物処理推進法」が施行されている。清掃される海岸が増えた背景には、海岸の漂着ごみに対するこうした社会の関心の高まりがあると山口さんはみている。

海岸線1キロメートルあたりのごみの総量は、1998年から2000年代の半ばまでは10年で7〜8倍になるペースで増え続けたが、その後は頭打ちになっている。これは海岸の清掃がさかんになってきた時期と一致している。

そのなかで、2012年だけは多量のごみが確認された。この年は、清掃の跡が残る海岸が5割ほどしかなく、前後の年に比べて少なかった。前年には東日本大震災がおきており、その影響で海岸清掃に国などの手が回らなかったようだと山口さんはみている。

「いま日本の海岸にあるごみは、清掃しているからこそ、ぎりぎりこれだけの量で食い止められている。清掃の効果はたしかにある」と山口さんはいう。それに対して、これから流れ着くごみ、とくに中国や韓国から流れてくるごみについては、国がこれらの国々と粘り強く議論していくほかない。そのときまでなんとか海岸を現状維持していくことができるとすれば、それがボランティアの、そして国や自治体による海岸清掃なのだろう。

海岸の生き物を守る

第一章でも紹介した沖縄の海岸にいる天然記念物のオカヤドカリは、マイクロプラスチックを食べてしまっている。そして、漂着ごみの少ない海岸にいるオカヤドカリは、食べてしまうマイクロプラスチックの量が、ごみの多い海岸のオカヤドカリより、たしかに少ないのだという。プラスチックごみが海岸に生きる小動物の体内に入りこむのを防ぐためには、海岸の清掃は即効性のある方法なのかもしれない（写真4－1）。

写真4-1　沖縄県の海岸にいたオカヤドカリ（2019年10月撮影）

沖縄県立芸術大学の藤田《ふじた》喜久《よしひさ》准教授は、2018～19年に、沖縄・座間味《ざまみ》島の北側にある海岸と南側の海岸でオカヤドカリを調べた。とくに冬季に北からの風が吹く座間味島では、島の北側海岸に漂着ごみが多い。しかも、今回の調査で選んだ海岸は、あまり人が立ち入らないため清掃も頻繁には行われず、漂着ごみが多いという。一方の南側の海岸は、ごみの少ないきれいなビーチだ。

オカヤドカリは海岸などに生息する陸のヤドカリ。藤田さんは、マイクロプラスチックをオカヤドカリが食べてしまっているかどうかを、北側海岸と南側海岸のオカヤドカリ20匹ずつで調べた。その結果、北側海岸のすべてのオカヤドカリの消化管から、砂粒や植物片、昆虫の破片などにまじって、1匹あたり3～41個のマイクロプラスチックがみつかった。平均すると17個だった。それに対し、南側海岸では1匹のみ。しかもマイクロプラスチックの数は1個だった。ごみの多い海岸と少ない海岸で、はっきり差が出たのだ。

ここは小さな島なので、北側海岸でも南側海岸でも、オカヤドカリはおなじ環境でおなじ育ち方をしているはずだ。違いは、生息している海岸にプラスチックごみが多いか少ないかという点だ。

漂着ごみのあまりない海岸には、マイクロプラスチックを食べてしまうオカヤドカリが少ない。ということは、北側の海岸で多くのオカヤドカリの口に入った多くのマイクロプラスチックは、浜に放置されたプラスチックごみから発生したのかもしれない。沖縄の海岸は太陽から届く紫外線や熱が強く、プラスチックは劣化し、砕けてマイクロプラスチックになりやすい。ごみの少ない南側海岸では、砕けるプラスチックごみがそもそも少なく、体内への取りこみをまぬがれている可能性がある。

海岸には、ペットボトルをはじめとするたくさんのプラスチックごみが流れ着く。掃除してきれいにしても、またやってくる。だが、もし、その海岸の生き物をマイクロプラスチックから守ろうとするなら、繰り返し掃除し、海岸をできるだけきれいに保っておく必要がある。藤田さんは「拾い続けなければ、浜の生態系を維持することが難しくなるかもしれない」という。尽きることのない漂流ごみに負けずに海岸の清掃を繰り返す活動は、浜の生き物をマイクロプラスチックから守る防波堤になっていることを、藤田さんのこのデータは強くうかがわせている。

市民が集めるごみのデータ

一般社団法人「JEAN」は、ごみ拾いの参加者に「ごみ調査・データカード」を渡して記入してもらうことにしている（写真4-2）。

分類は細かい。陸上で発生するごみについては「たばこの吸い殻・フィルター」「使い

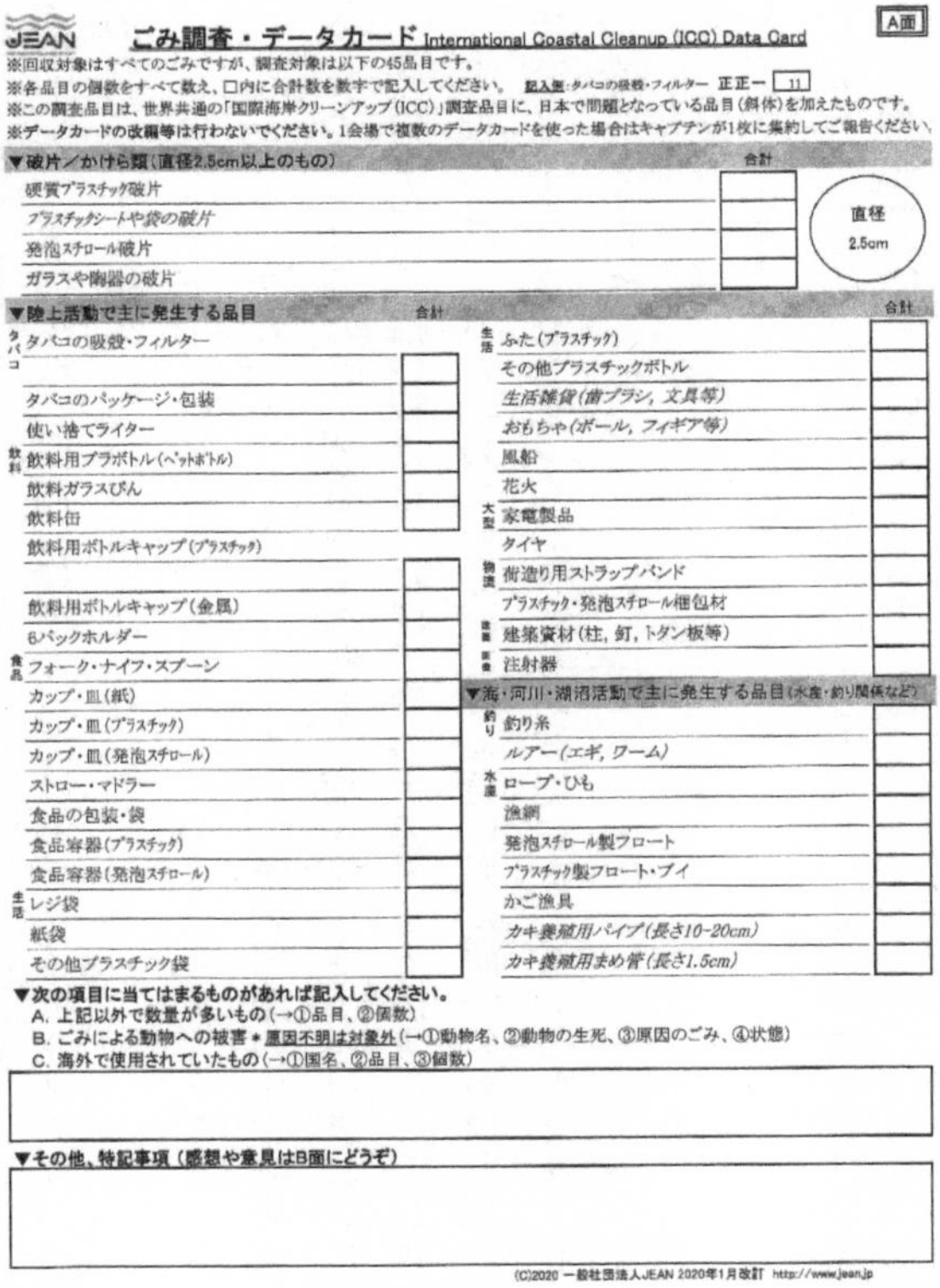

JEAN　ごみ調査・データカード International Coastal Cleanup (ICC) Data Card　A面

※回収対象はすべてのごみですが、調査対象は以下の45品目です。
※各品目の個数をすべて数え、□内に合計数を数字で記入してください。　記入例：タバコの吸殻・フィルター　正正一　11
※この調査品目は、世界共通の「国際海岸クリーンアップ（ICC）」調査品目に、日本で問題となっている品目（斜体）を加えたものです。
※データカードの改編等は行わないでください。1会場で複数のデータカードを使った場合はキャプテンが1枚に集約してご報告ください。

▼破片／かけら類（直径2.5cm以上のもの）　合計

- 硬質プラスチック破片
- *プラスチックシートや袋の破片*
- 発泡スチロール破片
- ガラスや陶器の破片

直径 2.5cm

▼陸上活動で主に発生する品目　合計

- タバコ　タバコの吸殻・フィルター
- タバコのパッケージ・包装
- 使い捨てライター
- 飲料　飲料用プラボトル（ペットボトル）
- 飲料ガラスびん
- 飲料缶
- 飲料用ボトルキャップ（プラスチック）
- 飲料用ボトルキャップ（金属）
- 6パックホルダー
- 食品　フォーク・ナイフ・スプーン
- カップ・皿（紙）
- カップ・皿（プラスチック）
- カップ・皿（発泡スチロール）
- ストロー・マドラー
- 食品の包装・袋
- 食品容器（プラスチック）
- 食品容器（発泡スチロール）
- 生活　レジ袋
- 紙袋
- *その他プラスチック袋*
- 生活　ふた（プラスチック）
- その他プラスチックボトル
- *生活雑貨（歯ブラシ，文具等）*
- *おもちゃ（ボール，フィギア等）*
- 風船
- 花火
- 大型　家電製品
- タイヤ
- 物流　荷造り用ストラップバンド
- プラスチック・発泡スチロール梱包材
- 建築資材（柱，釘，トタン板等）
- 注射器

▼海・河川・湖沼活動で主に発生する品目（水産・釣り関係など）

- 釣り　釣り糸
- *ルアー（エギ，ワーム）*
- 水産　ロープ・ひも
- 漁網
- 発泡スチロール製フロート
- プラスチック製フロート・ブイ
- かご漁具
- *カキ養殖用パイプ（長さ10-20cm）*
- *カキ養殖用まめ管（長さ1.5cm）*

▼次の項目に当てはまるものがあれば記入してください。
A. 上記以外で数量が多いもの（→①品目、②個数）
B. ごみによる動物への被害＊原因不明は対象外（→①動物名、②動物の生死、③原因のごみ、④状態）
C. 海外で使用されていたもの（→①国名、②品目、③個数）

▼その他、特記事項（感想や意見はB面にどうぞ）

(C)2020 一般社団法人JEAN 2020年1月改訂 http://www.jean.jp

写真4-2 「ＪＥＡＮ」が海岸の清掃活動で使っている記録用紙。細かく分類して記録する

捨てライター」「飲料用ボトルキャップ（プラスチック）」「飲料用ボトルキャップ（金属）」「レジ袋」「生活雑貨」「風船」「家電製品」「注射器」など32種類。海や河川から出るごみは「釣り糸」「漁網」「カキ養殖用パイプ（長さ10〜20センチメートル）」「カキ養殖用まめ管（長さ1・5センチメートル）」など9種類。破片は大きさが2・5センチメートル以上のものを対象にし、「硬質プラスチック破片」「プラスチックシートや袋の破片」など4種類に分けている。全部で45種類にもなる。

日本用にすこし修正してあるが、基本形は「オーシャン・コンサーバンシー」が「国際海岸クリーンアップ」で使っているものとおなじだ。したがって、記録したごみの個数は、世界の海岸を汚しているごみの現状を物語るデータの一部にもなる。

海岸で拾ったごみを、回収袋に入れながら、種類ごとにその個数を記入していくのは、けっこう大変だ。汚れた海岸を見て、「記録するより、どんどん拾いたい」という気持ちになることもあるという。

だが、JEAN事務局長の小島《こじま》あずささんは、こうして記録を残すことには、大きな意味があると考えている。それは、海ごみに対する参加者の意識が深まる点だ。海のごみにはいかにプラスチックが多いか、そして、ほとんどが陸で発生したものであること。自分で細かく分類してみることで、こうした実態が皮膚感覚でわかる。

海でごみを拾ってすがすがしい気持ちになるだけでなく、それが海に流れ込む原因を考えるきっかけになる。ごみが出る原因を考え、解決する気持ちの芽生えにつながっていく。自分の外側にあった海ごみの問題が、こうしてひと手間かけることで自分の内側に入ってくる。小島さんは「本で得た『知識』を『知恵』に変える活動だ」という。

もうひとつ、市民が自発的に参加する活動で集めるデータには、国や自治体などがおこなう調査にはない大きな特長がある。それは、長い期間にわたる継続的なデータが得られる点だ。

国や自治体が調査をおこなう場合、その原資になるのは国民から集めた税金だ。税金の使い方には厳格なルールがある。国の政府や市町村が税金の使い方について次年度の計画を立て、それが議会で承認されたとき、はじめて予算化されて使えるようになる。この作業は毎年おこなわれ、ある年度の予算は、原則としてその年度内に使い切らなければならない。ごみの調査にしても、他に優先度の高い予算の使い道が出てくれば、その年度で打ち切りになりかねない。

市民がごみ拾いのボランティアで集めるデータは、そこに一定の社会の関心が集まっているかぎり、途絶えることがない。もちろん、オーシャン・コンサーバンシーやＪＥＡＮのようなまとめ役は必要だが、それがあれば、おなじ調査を継続していくことができる。国際海岸クリーンアップの活動も１９８０年代から30年以上も続いているわけで、このような長期にわたるデータは、ほかにない。「継続は力なり」を市民の活動が支えているわけだ。

国や自治体が動くときは、大切な税金を使うわけだから、その根拠が必要だ。たとえば、海岸ごみの処理費用を新たに予算化しようとしても、海岸にどんなごみがどれだけあるのかを、まず示す必要がある。市民が継続的に集めたデータが、ここに役立つことがある。ＪＥＡＮは２０１５年版の報告書で、さきほどお話しした「海洋漂着物処理推進法」が09年に議員立法で成立する際に、市民の活動で集めた長期間にわたるデータが大きな力になったと述べている。

「シチズンサイエンス」としての可能性

いま科学の世界には、「シチズンサイエンス」の流れができはじめている。「シチズン」は「市民」、「サイエンス」は「科学」。市民参加型の科学という意味だ。

科学や、科学の知識を使って開発される技術は、わたしたちが暮らす現代社会になくてはならないものだが、科学そのものは、専門家だけの閉じた集団で進められる営みだ。科学の研究は日常の社会とは違う特殊なルールのもとで進められ、そのルールに従う研究集団に入るための「免許証」が大学院で取得する博士号だ。一般市民が科学の研究に参加するのは、容易ではない。

たとえば、砂浜に落ちているマイクロプラスチックの数を調査するといっても、なんとなく目についたものを拾って数えるだけでは、厳密な科学のデータにはならない。拾い方に細かいルールを定め、だれが拾ってもおなじ結果になるようにする必要がある。これが科学の流儀だ。だから、市民が集めるデータは、科学にはあまり役に立たない。市民はプロの科学に参加できない。これまでは、そう考えられてきた。

シチズンサイエンスは、そうした旧来の科学観の枠をこえて、新たな科学の可能性を探る試みだ。

たとえば天文学の分野。望遠鏡の性能が上がって、遠くの細かい天体まで観測できるようになった。星の集団である銀河にはさまざまな形の類型があり、どのような形がどれくらいの割合で存在しているのかは、宇宙の進化を解明する研究にとっても重要な情報だ。

だが、データが多すぎて、分類しようにも人手が足りない。プロの天文学者だけでは処理しきれない。それならば、データを市民に公開して分類を手伝ってもらおう。「ギャラクシー・ズー」というこの国際的なプロジェクトは2007年に始まっており、日本の国立天文台も新たな活動を始めている。

気象学の分野でも、関東で雪が降ったとき、雪の結晶の写真をスマートフォンで撮って送ってもらい、上空の大気の状態を専門家が研究するシチズンサイエンスが進められている。写真を撮るのは気象学の専門家ではないが、調べてみると、集まった写真の7割は科学研究での使用に耐えるものだったという。

考えてみれば、科学はもともと専門家のものではなく、別に職業をもったアマチュアによって担われていた。科学を専門とする職業、すなわち科学者が社会のしくみとして整ってきたのは19世紀になってからだ。それ以来、科学は科学者の専有物になった。研究成果を論文にまとめて同人雑誌に投稿し、「査読」という審査を経て掲載されたものだけが、その科学者の業績としてカウントされる。いくら熱心に研究しても、論文として掲載されなければ業績にはならない。現在の科学は、一般市民とは無縁のこうした独特のしくみで動いている。そこに、もういちどアマチュアの知を加え、新たな科学を切り開こうという流れがシチズンサイエンスだ。

シチズンサイエンスは、プロの科学者が論文を書くためのデータ収集をアマチュアが手伝うような狭義のものから、既成の科学の枠を市民の手で拡大し、社会の意思決定に市民の知を導き入れようというものまで、さまざまな文脈で語られている。海岸のプラスチックごみの研究は、マイクロプラスチックの問題に関連して急増しているが、海岸の漂着ごみは、かつてはプロの科学者が対象にする領域ではなかった。20年以上も漂着ごみの調査を続けてきた防衛大学校名誉教授の山口晴幸さんは、「調査を始めたころは、ほかに大学の研究者はみあたらなかった」という。

海岸の漂着ごみのデータについては、専門家よりむしろアマチュアの蓄積が長い。そしていま、海岸清掃に参加するボランティアは増えている。しかも、海岸のごみ拾いは、美観をはじめとする社会問題として出発しているので、たんに科学者の手足となって論文のためのデータを集めるだけでなく、社会問題の解決ときわめて近い距離にある。

山口さんは「『とにかくプラスチックごみを減らしましょう』なら、専門の科学者でなくてもわかることだ。専門家がなすべきなのは、調査データをもとにして有効な対策を探る議論をすることだ。そのためには、まだデータが足りない」という。プロの科学者が集めた精度の高いデータ。アマチュアが集めた、精度はやや劣るが圧倒的な量のデータ。データは、ようは使い方なのだ。海洋科学の分野でも、簡便で安価な装置でアマチュアに水温などを測ってもらい、観測データをいっきに充実させようという試みが進んでいる。

いま海岸で一人が拾えるごみの量は、漂着ごみ全体にくらべればわずかなものだ。しかし、その一人がたくさん集まれば、積み重なったデータが科学を下支えし、海洋ごみの問題について科学と社会をつなぐ懸け橋にもなるのではないか。

シチズンサイエンスの流れを考えるとき、一人ひとりが海岸のごみを拾う活動の意義は、けっして小さくないように思う。

2　プラスチックごみは大問題なのか

プラスチックは原油の3％

一般社団法人「プラスチック循環利用協会」の資料によると、2018年に生産されたプラスチックの重量は、原油以外にナフサとして輸入したぶんも考慮に入れて、もととなった原油の重量の約3％にあたるという。

一般財団法人「日本エネルギー経済研究所」の石油情報センターによると、原油から精製された石油の用途は、火力発電所で燃やして電気をつくったり家庭の暖房に使ったりする「熱源」としての利用が4割、自動車や飛行機、船などを動かす「動力源」としての利用が4割で、残りの2割がプラスチックや洗剤のような製品の原料になる。つまり、全体の8割が燃料として使われていることになる。

この数字をみて気づくのは、プラスチックの使用量を減らせば、もちろんプラスチックごみを減らす効果はあるだろうが、原油の節約にはあまりならないという事実だ。原油の使用量を減らしたいなら、全体の3％でしかないプラスチックより、燃料として使われる原油を減らすことに力を注いだほうが効果的だ。

いま考えようとしているのは、プラスチックごみを減らすことなのか、それとも原油を節約して限られた地球の資源を守ることなのか。このふたつは無関係ではなく、両方とも大切なことではあろうが、考え方の筋道としては、とりあえず分けて考えたい。そうしなければ、目的と手段に食い違いが生まれ、プラスチックごみを減らそうという一人ひとりの行いがどこに向かっているのかが、よくわからなくなる。割り切れないモヤモヤ感を抱えたまま、走り続けることにもなりかねない。

日本が進めるレジ袋有料化では、レジ袋の原料に重さにして25％以上のバイオマスプラスチックが含まれていれば、有料化の義務から免除される。バイオマスプラスチックとは、石油ではなく植物などをもとにつくられるプラスチックだということはすでに述べた。土の中や海に放置されたとき自然に分解が進む生分解性プラスチックとは違う。バイオマスプラスチックを広める目的は石油の節約や地球温暖化の抑制であって、ごみとなって環境を汚すプラスチックを減らすことではない。レジ袋有料化の指針を示す経産省・環境省のガイドラインにも、免除の理由は「地球温暖化対策に寄与する」ためと明記されている。

レジ袋の有料義務化は、いつまでもごみとして地球を汚し続けるプラスチックの使用を減らそうという文脈のなかで生まれた。バイオマスプラスチックは環境中で自然に分解されるとはかぎらず、いつまでも地球を汚し続ける。それならば、バイオマスプラスチックがこの有料化をまぬがれる免罪符のように使われるのは妙な話だ。

しかも、バイオマスプラスチックを含む製品は、複数の種類のプラスチックがまじっていることになるため、リサイクルには不向きだ。焼却すれば二酸化炭素が出るが、バイオマスプラスチックの原料となる植物は大気中の二酸化炭素を吸収しているので、焼却しても二酸化炭素の出入りについてはプラスマイナスゼロ。だから地球温暖化を進めにくい。たしかにそういう議論はあるが、それは、プラスチックごみの削減とは別の話だ。プラスチックごみを減らすのが目的だが、ついでに、直接の関係はないバイオマスプラスチックの普及も潜りこませようという論理は、どうも納得感が薄い。

バイオマスプラスチックだろうと石油からつくるプラスチックだろうと、素材にかかわらずレジ袋は有料にする。二酸化炭素の削減は、燃料に使う8割の原油でがんばる。そのほうがレジ袋の使用を抑制する効果は高いはずだ。

プラスチックごみを減らす手段としての有料義務化だったはずなのに、石油の節約など別の目的がまぎれこんでしまっている。かりに、すべてのレジ袋にバイオマスプラスチックが25％以上まぜてあれば、有料化の義務を負うレジ袋はゼロになる。あいかわらずレジ袋の無料配布だ。これでは、石油の節約や地球温暖化の抑制にはなったとしても、プラスチックごみの減量にはならない。バイオマスプラスチックの話を潜りこませたことで、レジ袋の有料義務化を骨抜きにする道が生まれたということだ。

わずか３％にすぎないプラスチックが、「永遠のごみ」となって地球の環境を汚し続けている。この「３％」はプラスチックごみの観点からは大きな意味をもつが、原油の使用量全体からみれば、燃料としての使用に圧倒されるわずか「３％」にすぎない。この事実も、きちんと冷静に心に留めておきたい。

プラスチックの焼却処分再考

この「３％」に関連して、プラスチックごみの焼却処分についても、もういちど考えておきたい。日本で出るプラスチックごみの7割が焼却処分されている。そのうち9割近くは、焼却の熱を発電などに利用してはいるが、ともかくプラスチックごみの多くは焼却されているわけだ。

いま日本の国は循環型の社会をめざし、プラスチックについてもリサイクルを積極的に進めることが法令で求められている。わたしたちは限りある地球の資源を食いつぶしながら生きているわけだから、そのペースをできるだけゆるめよう、資源の使用量を減らし、繰り返し使えるものは再利用しようという方向は歓迎すべきものだろう。

こうした流れのなかでは、プラスチックの焼却は歓迎されない処分方法だ。プラスチックを燃やせば二酸化炭素が出て地球温暖化を進めてしまう。燃やすのではなく、地球にやさしいリサイクルを。リサイクルという言葉がもつ心地よい響きも手伝って、そう思っている人も多いのではないか。

リサイクルを否定するつもりはまったくないが、プラスチックの処理方法を考える際には、そこに量的な見方を加えて冷静に考えてみることも大切だ。なんとなく雰囲気で行動するのではなく、数字で見てみようということだ。

繰り返すが、原油の8割は「熱源」「動力源」として燃やされている。かりにプラスチックごみの全量を焼却処分したとしても、それは3％にすぎない。

リサイクルには焼却にくらべて多くの費用がかかる。仙台《せんだい》市のごみ減量・リサイクル情報総合サイト「ワケルネット」によると、レジ袋をリサイクルする場合は1キログラムあたり69・8円、家庭ごみにまぜて処分する場合は30・5円かかる。プラスチックの容器や包装として分別してリサイクルするには、より多くの税金を投入しなければならない。東京都の自治体のなかにも、限られた税収からその費用を工面できず、ペットボトル以外のプラスチックごみを生ごみなどといっしょに焼却しているところがある。

焼却処分は、埋め立てなどで処分することになる最終的なごみの容量を減らすには有効な手段だ。外国へのプラスチックごみの輸出を含め、ごみ処理の正規ルートに乗らないプラスチックを減らすことにつながる可能性もある。

もし、焼却で二酸化炭素が出るのがいけないというなら、自然界で分解されて消滅する生分解性プラスチックも使えなくなる。分解して最終的には二酸化炭素と水になるからだ。その点では、焼却とおなじ末路だ。「生分解性プラスチックは善で、焼却処分は悪」という単純な図式にはなっていない。

繰り返すが、リサイクルに向かういまの流れにあえて逆らうつもりはない。当面は焼却処分を続けるにしても、早期にリサイクルに移行するにしても、「地球にやさしいバイオプラスチック」というたぐいの感覚的なキャッチフレーズに安易に乗っかるのではなく、「3％」「7割」「8割」といった数量的な事実、そして費用も考慮に入れながら、この社会にとっていちばんよいプラスチックの使い方を考えていきたい。

本来の目的はどこにあるのか

プラスチック容器をリサイクルするには、使い終わったら汚れを落として回収にまわすことが必要だ。油などの汚れが多くついたままの容器は、リサイクル原料には適さない。ポリプロピレンの容器なら、ポリプロピレン以外の成分がまじっていては困るのだ。

では、その油をお湯でよく洗えばよいかというと、それにもまた問題がある。水を温めてお湯にするにはエネルギーがいる。かりにそのお湯を石油を燃やして沸かしたとすると、そのときに使う石油の量が、容器を新しくつくるのに必要な石油の量を上回ってしまうかもしれない。すくなくとも、石油の消費を減らすという観点からは、お湯で洗うことはマイナスの効果になる可能性がある。地球のためを思ってリサイクルしようとしたのに、それがかえって地球に余計な負荷をかけることになるかもしれない。

プラスチックごみが地球を汚し続けるのは、たしかに困る。しかし、地球の環境に悪さを与えている要因は、それ以外にもたくさんある。地球温暖化を進める二酸化炭素などの温室効果ガス、大気汚染を引きおこす窒素酸化物、水質汚濁の原因となる油、……。実際にごみ対策を進めるには、これらの要因を、プラスチックの製造や輸送、販売などの各過程でチェックして、地球環境への影響を全体として評価する必要がある。プラスチックボトルの代わりにガラスびんを使えば、重くなるので、輸送トラックは余計にガソリンを食う。どうすれば環境への負荷をトータルで減らすことができるのか。そうした量的な評価を「ライフサイクルアセスメント」という。

この考え方を使うと、たとえば、つぎのようなことがわかる。家庭から出るプラスチックの容器や包装の素材を、原料が植物由来で生分解性でもある「ポリ乳酸」に替えた場合、製造から廃棄までの過程で排出されるプラスチック1立方メートルあたりの温室効果ガスの量は14％削減される。製造段階では排出量が増えるが、廃棄のときが大幅に減る。ただし、レジ袋については、廃棄段階での削減効果があまりなく、トータルでは温室効果ガスの排出量が増える。したがって、レジ袋の場合は、どのような代替素材にすべきかをよく考える必要がある。

これは、２０１９年の廃棄物資源循環学会誌に掲載された、京都大学の酒井伸一教授の「3Rプラス原則とライフサイクル的観点からみたプラスチック素材」という論文に書かれている例だ。排出する温室効果ガスを減らすという観点でみた場合に、プラスチックに代替素材を使う際の問題点が、ライフサイクル全体のなかでどこにあるのかが具体的にあきらかになる。「新しくバイオプラスチックを使うんだから環境によさそうだ」ではなく、その長所と短所、使う場合に克服すべき課題が客観的に示されるのだ。

レジ袋については、一般社団法人「プラスチック循環利用協会」が、「ＬＣＡを考える」という冊子のなかで、つぎのような報告例を紹介している。「ＬＣＡ」はライフサイクルアセスメントのことだ。

ここでは、繰り返し使えるポリエステル１００％のマイバッグと、ポリエチレン１００％のレジ袋のそれぞれ１袋について、原料の採掘から焼却処分するまでに、どれくらいの二酸化炭素を排出することになるかを計算している。その結果、マイバッグはレジ袋の約50倍の二酸化炭素をだすことがわかった。つまり、マイバッグの繰り返し使用回数が50回のとき、二酸化炭素の排出量については、レジ袋の使い捨てとほぼ同量になる。二酸化炭素の排出減を地球に対する「やさしさ」の指標にするなら、マイバッグは、それ以上の繰り返し使用が必要だ。

マイバッグは重さもレジ袋の約10倍なので、心して繰り返し使わなければ、ごみは増えるし二酸化炭素も余計にだすことになる。とても雑な言い方になるが、プラスチックごみの量という観点からは、マイバッグは10回以上は繰り返し使う必要があり、二酸化炭素の排出を抑制するという観点からは、もっとハードルが高くて、それが50回ということになる。

このように、プラスチックごみの問題を解決するといっても、それ以外にも考えるべきことはあり、一筋縄ではいかない。数量的な考え方を導き入れると、それがはっきりしてくる。また、地球の環境を守りたいという目的があったとしても、とにかくプラスチックごみによる環境汚染を優先的に抑えたいのか、あるいは、温室効果ガスの増加による地球温暖化の進行のほうを重視するのか、その立場や考え方も人によって分かれるだろう。

環境問題では、物事が複雑に絡みあい、あちらを立てればこちらが立たずということも多い。そんなとき大切なのは、現実の客観的な把握とバランス感覚だ。現状をきちんと数量的に把握し、そのうえで、いまわたしたちができることの優先度を決めていく必要がある。さきほど触れたレジ袋とバイオマスプラスチックの話も、プラスチックごみの削減と地球温暖化防止のバランスをとった折衷案とみることもできる。プラスチックごみ問題を一過性のブームに終わらせないためにも、さまざまな困難を含め、わたしたちの立ち位置をこうしてしっかり自覚しておきたい。

3　科学の知識を社会はどう使うのか

科学的に判断するということ

これまで、プラスチックに関する科学研究の成果を多く紹介してきた。こうした科学は、プラスチックごみのような社会的な問題に、どのようにかかわれるのだろうか。科学と社会の関係についても、ここですこし考えておきたい。

科学は、自然のなかに存在する物質や現象について、その成り立ちや現象が起こるしくみを調べる学問だ。そのとき、だれがやっても結果がおなじになる調べ方をしなければならない。あの人しかその結果をだせないという「神の手」は不要だ。不要というより、それは科学として認められない。だれにでもできることを世界で最初にやったとき、それが論文となり、科学の研究業績として認められる。

そうなるように、科学はその進め方に厳密なルールを決めてあるので、できあがった知識は確実で頼りになる。だから、だれかがつくりだした科学の知識を、別の人が使って技術に応用することもできる。分子や原子、電子などのミクロの世界の成り立ちを考える「量子力学」という科学の知識を使って、別の技術者が超高速のコンピューターをつくるという具合だ。

科学の知識は技術に応用され、便利な技術は社会をおおきく変えてきた。ハイテク技術のかたまりのようなスマートフォンは社会に深く浸透し、もうこれなしでは世の中が機能しない。科学から生まれた数々の技術は、すでに現代社会の一部になっている。

だが、そんな科学にも答えられないことがある。まだわかっていないから答えられないのではなく、そもそも答えることができない領域があるのだ。それは人の価値観や判断が関係する領域だ。「なにをどうすべきか」「進めたほうがよいか、やめたほうがよいか」という問いに、科学は答えられない。だれがやってもおなじになるのが科学だから、人によって答えが違うのが当然なこうした問いは、科学は扱えない。

原子力発電所が大事故をおこす確率はどれだけか、事故の確率を下げるにはどうしたらよいかは、科学で答えられる。だが、事故の確率を下げたほうがよいかどうかは、科学には答えられない。コストとのバランスという価値判断が求められるからだ。

プラスチックごみの問題にしても、どのようにしてプラスチックがマイクロ化するか、マイクロプラスチックを生き物が食べたとき、どのような影響が生じるかを調べることは科学にできるが、焼却処分とリサイクルのどちらを優先するか、プラスチックごみと地球温暖化はどちらが大問題なのかという問いには、科学は答えられない。

人の意見を集めて討議し、社会の方向を決めるのは政治の仕事だ。この現代社会には、科学ぬきでは考えられないが、科学に聞かれても答えをだせない事柄がたくさんある。そうした領域のことを、アルヴィン・ワインバーグという米国の核物理学者が1972年に書いた論文のなかで「トランスサイエンス」と名づけた。科学と政治が交わる領域ともいえる。

科学にできること、政治がなすべきことは、現実にはしばしば混同される。たとえば原子力発電所は安全なのかという問題。原発を稼働させたい政治家などは、原発は規制をクリアしており、「原発の安全は科学的に保証されている」という言い方をすることがある。だが、科学は原発の安全を保証することなどできない。原発を社会が受け入れるにあたって、どれだけの「安全」が必要かを決めるのは政治の仕事だ。たとえば「重大事故がおこる確率は1万年に1回に抑えよう」という安全のレベルを決めるのは政治で、それを実現すべく努力するのが科学と技術だ。科学は、政治が決めた「安全」が満たされているかどうかは判定できても、それでほんとうに安全なのかは判断できない。

科学や技術が関係する事柄については、自分は門外漢だから、その判断は科学者や技術者に任せよう。あるいは、それは科学者、技術者が客観的に決めたことだから、自分に責任はない。そうした勘違いが、いまの世の中でしばしば見受けられる。科学者や技術者は価値について判断しない。一人ひとりが社会の将来を決める権利をもつこの民主的な社会では、それを判断するのはわたしたちなのだ。

この本でも、プラスチックの科学、生体への影響に関する科学の話をしてきた。これは、これからプラスチックごみをどうしていくか、プラスチックと社会の関係はどうあるべきかを科学者に決めてもらえるということではない。社会のあらゆることに個人が判断を下せることを前提としている民主政治は、もっとも過酷な政治形態ともいわれる。たしかに過酷だが、プラスチックごみの問題をどう解決していくかを考えるのは、繰り返すが、わたしたちしかいない。科学的に判断するというのは、科学者が判断することではない。科学の成果を使って、わたしたちが判断するということだ。

知れば知るほど社会は割れる

科学の知識はだれにとっても共通だから、プラスチックごみについての研究が進めば、それをもとに人々が解決策を話し合いやすくなる。そう思いたいところだが、現実には、かならずしもそうはならない。市民が科学の知識を身に着ければ身に着けるほど、社会は割れて分極化するという指摘がある。科学のよろいをまとった持論の応酬になって、話し合い不能になるというのだ。

米国で取材した読売新聞の三井誠《みついまこと》記者が書いた『ルポ 人は科学が苦手』（光文社）という本では、地球温暖化に関する興味深い調査が紹介されている。

現在の地球温暖化については、その原因としてふたつの考え方がある。ひとつは、わたしたちが石炭や石油などの化石燃料を燃やし、温室効果ガスである二酸化炭素が大気中に増えすぎてしまったこと。もうひとつは、地球の気候は自然の状態でも寒暖を繰り返すもので、現在の温暖化もその自然な変動にすぎないというもの。いまの科学では前者が正しいと考えられている。

では、後者を支持する人たち、つまり人為的な二酸化炭素の排出が原因ではないと考える人たちは地球温暖化の科学に疎いのかというと、けっしてそうではないというのだ。科学の知識が豊富な人たちが、一方では地球温暖化を進める二酸化炭素の排出を減らせと主張し、もう一方では、これは自然な変動の範囲内だから、経済活動を犠牲にして二酸化炭素の排出を抑制するのは意味がないという立場にたつ。

米国では、前者は民主党に、後者は共和党に優勢な考え方だ。科学の知識は政治的な立場を超えられない。

わたしたち人間には、自分の価値観、ものの考え方、自分の好みに合う情報により多く触れる「選択的接触」、自説を補強してくれる情報だけを受け入れ、都合の悪い情報は無視する「確証バイアス」という性質がある。科学について詳しくなれば、自説に都合のよい情報の選択の幅も広がる。とくに地球温暖化や原発の問題のように立場が割れやすいテーマについては、科学をよく知る人たちが、社会の分極の核になってしまう。

プラスチックごみの問題については、いまのところ地球温暖化や原発ほど立場が割れているようにはみえないが、脱プラスチックを声高にとなえる側も、プラスチックは悪者ではないと主張する側も、それぞれに科学を語っている。話し合い不能なところまで溝が深まらないことを願うばかりだ。

この社会でなにを大切にしたいのか

このさき社会はプラスチックとどう付き合っていくのか。陸に海にあふれるプラスチックごみを前にして、なんとかしたいと思う人は少なからずいるだろう。だが、では具体的にどうするかとなると、そこには個人個人のさまざまな価値観、考え方、生活スタイルなどが絡み、ひとつの正解を目指してみんなが協力するという単純な図式にはなりそうもない。

レジ袋の有料義務化についても、さまざまな考え方があるだろう。有料化すれば海や陸にごみとして漏れだすレジ袋も減って環境がよくなり、それでみんなが恩恵を受ける。だから、無料だったはずのレジ袋を買うことになっても、それくらいは全体のためにがまんすべきだという考え方。お客さんのためを思ってレジ袋を無料配布する商店の自由を国が制限するのは、そもそもおかしいじゃないかという立場。レジ袋を有料化すれば、金持ちにとってはどうということのない出費でも、苦しい生活をしている人には負担になる。国がこうした不平等を人々に押しつけてよいのか。あるいは、すべての人はこの社会という共同体で生きているのだから、共同体の価値観にあるていど縛られるのは当然だという考え方も。

社会の「正義」とはなにかという大きなテーマにも発展しそうなこれらの立場や考え方の違いは、わたしたちの日常生活においては、結局のところ優劣はつけがたい。これらの違いを内に抱えたまま、プラスチックごみ問題を解決していかなければならない。さきほどの地球温暖化の例でみたように社会を分極させることなく、自分とは違う考えにもリベラルに耳を傾け、上手な落としどころを探し続けるほかないだろう。

また、プラスチックごみの対策には、まだ科学的にも不明な点がたくさん残るなかで、いますぐ実行していかなければならないという苦しさがある。そもそも、海に出たはずのプラスチックごみの99%は、その行方がわかっていない。その全体像があきらかになってから効果的な対策をたてようとするなら、それはいつになるか知れない。いまの限りある知識を総動員し、想像力もはたらかせながら来るべき事態に備える「予防原則」の考え方も必要だろう。将来も増え続けることが確実なプラスチックごみの悪影響について警戒を怠らず、対策をたてて実行するということだ。

「カッコいい」のも大事かもしれない

プラスチックごみは、解決が難しい社会的な問題という点で、地球温暖化に似ている。

やるべきことはわかっている。正規の処理ルートに乗らないプラスチックごみを減らすことであり、石炭や石油の消費による二酸化炭素の排出を抑えることである。だが、いずれも、わたしたちの生活をしっかり支えているものだけに、その実行は容易ではない。市民のほかにも国や関連業界など関係者が多く、利害を含め、それぞれが別の思惑をもっている。市民のなかにも、さまざまな考え方がある。

ここでは、わたしたち「市民」について、もうすこし考えておこう。手元の国語辞典には「市の住民」「国家への義務、政治的な権利をもっている国民」「近代史のブルジョア」とある。社会学事典を開くと、この2番目の点について、共同体の意思決定の担い手とも書かれている。

たしかに、わたしたちは意思決定の主体だ。だが、さきほど述べたように、わたしたち個人にはいろいろな好みや考え方があり、それを単純に足し算する多数決のような意思のはかりかたでは、社会の分極を招くだけだ。プラスチックのごみの現状、マイクロプラスチックの問題点などを把握したうえで、自分の考えを柔軟に修正していく必要がある。多少は自分の好みに合わなくても、プラスチックごみ問題の解決のために一肌ぬごう。これは、いわば理性による判断だ。

一方で、理屈ではなく気分による行動も、きっと大切なものだ。最近、会議などに出席していて感じるのだが、飲み物を自分のボトルに入れて持ち歩いているマイボトル派が、すこしずつ増えているようだ。マイボトルが増えれば、ペットボトルのごみも減らせるだろう。出張先で買ったのだろうか、外国の研究所のロゴが入っていたりしていて、ちょっとカッコいい。

この「カッコいい」は、プラスチックごみの問題をみんなで考え、解決へ向けた流れをつくるための原動力になるのではないだろうか。

わたしがいま教えている東京大学の大学院生に、「海のプラスチックごみ問題を解決する方法を考える」という課題を与えたところ、「プラゼロラベル」というマークの普及を提案したグループがあった（図4－1）。プラスチックを使っていない製品にこのマークをつけ、プラスチック不使用を付加価値として消費者にアピールしようというのだ。プラスチックを使うべきところには使い、さして必要でないならば積極的にプラスチックを省いて、それを付加価値にする。プラゼロラベルがついている製品を持ち歩くのは、ちょっとカッコいい。そういうことだ。小さなことかもしれないが、頭でなく心で感じるプラスチックごみ対策のアイデアといえるだろう。

図4-1　東京大学の大学院生たちが考えた「プラゼロラベル」。プラスチック不使用の製品につけて付加価値を高める。デザインしたのは陳山雨さん

市民の意識が変わり、それが力となって国が変わり産業が変われば、社会は変わる。石油をこのまま野放図に使い続けられないかもしれないという危機感で世界が混乱した1970年代の石油ショック。これを機に、日本では自動車の燃費が大幅に改善された。少ないガソリンで動く自動車を求める市民の気持ちが強くなったことが、誘因のひとつだろう。燃費のいいクルマは、懐にやさしいし、生活スタイルとしてカッコいい……。

「ティッピングポイント」という言葉がある。なにかがすこしずつ変化していたのに、あるところを境になだれを打って急変する、その転換点のことだ。一部のマニアのものだったパソコンはすこしずつ利用者が増え、1990年代半ばになって急に社会に広まった。地球温暖化の科学でも、減少を続ける北

極海の氷が、もうもとに戻れないティッピングポイントを越えているのではないかという議論がある。

プラスチックごみにしても、「カッコいい」と思って関心をもつ市民が増えていけば、ほどなくティッピングポイントに達して、さらに大きな広がりをみせるかもしれない。そのとき注意したいのは、たんなる勢いにならず、一方で冷静な関心を保っておくことだろう。日本の社会は、全体が盛りあがると問答無用の雰囲気になりがちなので、その点がやや心配だ。戦争中に大政翼賛会が「進め一億火の玉だ」と戦意をあおり、いまでも会社に不祥事があると「全社一丸」となって信頼回復に取り組むし、スポーツイベントには「日本中が興奮」して「オールジャパン」で声援を送ろうとする。プラスチックごみ追放の合唱のなかで、プラスチックを使う人が非国民あつかいされるような社会でも困る。

「カッコいい」に期待したいのは、プラスチックごみの問題に対する一人ひとりのアンテナの感度を高める効果だ。ニュースで見聞きしたとき、なにか施策が動こうとしているときに、そちらに自然と注意が向くこと。そのうえで、プラスチックごみ問題の優先度や対策について頭で考え、冷静にバランスのよい判断をくだす。その判断を支える助けになってほしいと願いながら、この本を書いた。

結局、わたしたち一人ひとりにできるのは、余計なプラスチックの使用を減らし、使い終わってごみになったら、きちんと処理のルートに乗せること。そして、アンテナの感度を高めておくことなのだろう。

さて、プラスチックごみの問題にまつわるみなさんのモヤモヤ感は、すこしは解消しただろうか。友人の哲学者は「人類の存続という目的は、議論の必要がない出発点にしてもよいのではないか」という。わたしもそこに向かい、マイバッグを忘れずに持って、自分にできる小さな一歩を進めることにしよう。

おわりに　～わたしたちは、やればきっとできる

この本の執筆中に新型コロナウイルスが世界で広まり、感染した多くの人が肺炎で亡くなっている。日本でも、感染の拡大を抑えるため人々は外出の自粛を求められ、社会活動の低下で経済的な窮地に追い込まれた飲食店や商店などを、ニュースは繰り返し報じている。じつは感染していても自分は気づかず、まわりにうつしてしまうかもしれないというこのウイルスの恐ろしさ。社会はいま、さきを見通せない不安な状況におかれている。

そのなかで、かすかな、しかしたしかな明るい光に見えるのは、国や自治体が罰則つきで外出を禁止しなくても、日本では人々が自主的に外出を控えていることだ。買い物に出る回数を減らし、品薄で入手困難なマスクも、手作りなどの工夫をしながら多くの人が着用している。一人ひとりが、自分にできる小さな努力を重ねているのだ。

わたしたちは、もしかすると社会のことをきちんと考えて行動できるのかもしれない。これまでは、なんとなく勢いに乗って好きに生活を送り、それを変えることが面倒だった

だけなのではないか。不幸にも新型コロナウイルスという外力によってではあるが、自分のまわりを静かにみつめなおし、これからの生き方や大切にすべきものに思いをめぐらしている人も多いと聞く。

プラスチックごみの問題は、プラスチック製品は必要なものに限って使うのがあたりまえの社会にならなければ、解決に向かわないだろう。そのためには、法律で縛るだけではなく、市民一人ひとりがあるべき社会の姿を心に描き、小さな行いを積み重ねてそこに近づくことが、たぶん欠かせない。そして、わたしたちには、きっとそれができる。

この新型コロナウイルス禍を乗り越えたあとには、プラスチックごみ問題も、よい方向へ動きだすに違いない。わたしたちがつくる社会に、あえて明るい楽観的な希望を託して、本書を終えることにしたい。

保坂直紀

2020年5月

初夏の風が心地よい外出自粛の自宅にて

保坂直紀（ほさか・なおき）
1959年、東京都生まれ。東京大学大学院新領域創成科学研究科／大気海洋研究所特任教授。サイエンスライター。東京大学理学部卒業。同大大学院で海洋物理学を専攻。博士課程を中退し、85年に読売新聞社入社。在職中、科学報道の研究により、2010年に東京工業大学で博士（学術）を取得。13年、同社退社。著書に『クジラのおなかからプラスチック』『海のプラスチックごみ 調べ大事典』（ともに旬報社）、『謎解き・海洋と大気の物理』『謎解き・津波と波浪の物理』（ともに講談社ブルーバックス）ほか。

海洋《かいよう》プラスチック

永遠《えいえん》のごみの行方《ゆくえ》

保坂直紀《ほさかなおき》

2020年 6月10日 初版発行
2024年11月15日 9版発行

◆◇◇

発行者 山下直久
発 行 株式会社KADOKAWA
〒102-8177 東京都千代田区富士見 2-13-3
電話 0570-002-301（ナビダイヤル）

装 丁 者 緒方修一（ラーフイン・ワークショップ）
ロゴデザイン good design company
オビデザイン Zapp! 白金正之
印 刷 所 株式会社KADOKAWA
製 本 所 株式会社KADOKAWA

角川新書

ISBN978-4-04-082343-0 C0240

KADOKAWAの新書 好評既刊

ハーフの子供たち
本橋信宏

日本人男性とフィリピン人女性とのあいだに生まれたハーフの子供たちの多様な生き方をたどる！　6人の男女へのインタビューを通じて、現在の日本社会での彼らの活躍と、国際結婚の内情、新しい家族の肖像までを描き出す出色ルポ。

キリシタン教会と本能寺の変
浅見雅一

キリシタン史研究の第一人者が、イエズス会所蔵のフロイス直筆原典にあたることで見えてきた、史料の本当の執筆者、そして光秀の意外な素顔に迫る。初の手書き原典から訳した「一五八二年の日本年報の補遺（改題：信長の死について）」全収録！

宗教改革者
教養講座「日蓮とルター」

佐藤　優

日蓮とルター。東西の宗教改革の重要人物にして、誕生した当初から力を持ち、未だ受容されている思想書を著した者たち。なぜ彼らの思想は古典になり、影響を与え続けているのか？　その力の源泉を解き明かす。佐藤優にしかできない宗教講義!!

新宿二丁目
生と性が交錯する街

長谷川晶一

「私が死んだら、この街に骨を撒いて」――。欲望渦巻く街、新宿二丁目。変わり続けるこの街とともに人生を歩んできた6人の物語。変化を続けるなかで今、この街と人が語りえるものとは何か。気鋭のノンフィクション作家による渾身作。

世界の性習俗
杉岡幸徳

神殿で体を売る女、エッフェル塔と結婚する人、死体とセックスする儀式……。一見すると理解に苦しむ風習の中には、摩訶不思議な性の秘密が詰まっている。世界中の奇妙な性習俗を、この本一冊で一挙に紹介！

KADOKAWAの新書 好評既刊

睡眠障害
現代の国民病を科学の力で克服する

西野精治

日本人の5人に1人が睡眠にトラブルを抱えている今日。スタンフォード大教授が、現代人の身体を蝕む睡眠障害の種類や恐ろしさを分かりやすく伝える。正しい知識を身につけ、快適な眠りを手に入れるための手がかりが満載の1冊。

探偵の現場

岡田真弓

売り上げで業界日本一の総合探偵社MRに来る依頼の約8割は、「不倫調査」である。本書では不倫をした・された人たちのその後、調査の全貌など、一般人には想像もつかない、探偵たちだけが知っている、生々しい現場を解説！

イスラエルとユダヤ人
考察ノート

佐藤　優

なぜ、強国なのか⁉　なぜ、情報《インテリジェンス》大国の地位を占め続けられるのか？　世界の政治・経済エリートへの影響力が大きい国にもかかわらず、その実態は知られていない。世界の鍵となる国の内在論理とユダヤ人の心性を第一人者が解き明かす！

親子で考える「がん」予習ノート

一石英一郎

2020年度から小学校で「がん」授業が始まる。日本人の2人に1人が「がん」になる時代。しかし、5年相対生存率は6割を超えている。「がん」は不治の病から共生する病に変わりつつある。「がん」の予習を始めるのは今だ。

ハーバード流「聞く」技術

パトリック・ハーラン

相互理解は巧みな聞き方から始まる！　「聞く（hear）」「聴く（listen）」「訊く（quest）」といった様々な聞き方を解説し、人生のあらゆる場面に「効く」ものにする技術を紹介！　「バイアス」の外し方、「批判的思考」の鍛え方も伝授。

KADOKAWAの新書 好評既刊

ザ・スコアラー
三井康浩

侍ジャパンの世界一、読売巨人軍の日本一を支えた一人のスコアラーがいる。配球、打者の癖、対策への適応方法、外国人の評価ポイントなどプロの視点をすべて公開。野球にかかわる人間は必読の1冊。

超限戦
21世紀の「新しい戦争」

喬良 王湘穂
坂井臣之助（監修）
劉琦（訳）

戦争の方式は既に大きく変わっている——。中国現役軍人（当時）による全く新しい戦争論。中国だけでなく、米国、日本で話題を呼びつつも、古書価格3万円を超えて入手困難となっていた戦略研究書の復刊。

本当のことを言ってはいけない
池田清彦

人生百年時代の罠、金の多寡と教育成果は比例しない、近い将来エリート層は国外逃亡する——「日本すごい」と馬鹿の一つ覚えみたいに騒ぐが、本当に「すごい」のは日本の凋落速度だ！ 人気生物学者が、世間にはびこるウソを見抜く。

徳川家臣団の系図
菊地浩之

徳川家康の近親と松平一族、三河譜代の家老たち、一般家臣、三河国衆、三河以外の出身者の順に、主要家臣の系図をていねいにひもとく。そこから浮かび上がる人間関係により、徳川家臣団の実態に迫る。家系図多数掲載。

座右の書『貞観政要』
中国古典に学ぶ「世界最高のリーダー論」

出口治明

稀代の読書家が、自らの座右の書をやさしく解説。『貞観政要』は中国史上最も国内が治まった「貞観」の時代に、ときの皇帝・太宗と臣下が行った政治の要諦をまとめた古典。徳川家康、明治天皇も愛読した、帝王学の「最高の教科書」。